人大经济学院青年学者丛书

房产与养老

家庭资产配置
与中国老年人健康研究

胡羽珊　著

图书在版编目（CIP）数据

房产与养老：家庭资产配置与中国老年人健康研究 / 胡羽珊著. —北京：中国发展出版社，2023.5

ISBN 978-7-5177-1376-0

Ⅰ. ①房… Ⅱ. ①胡… Ⅲ. ①家庭—金融资产—配置—研究—中国②老年人—医疗保健制度—研究—中国 Ⅳ. ①TS976.15②R199.2

中国国家版本馆CIP数据核字（2023）第097572号

书　　名：房产与养老：家庭资产配置与中国老年人健康研究
著作责任者：胡羽珊
责 任 编 辑：沈海霞
出 版 发 行：中国发展出版社
联 系 地 址：北京经济技术开发区荣华中路22号亦城财富中心1号楼8层（100176）
标 准 书 号：ISBN 978-7-5177-1376-0
经　销　者：各地新华书店
印　刷　者：北京市金木堂数码科技有限公司
开　　本：710mm × 1000mm　1/16
印　　张：11
字　　数：163千字
版　　次：2023 年 5 月第 1 版
印　　次：2023 年 5 月第 1 次印刷
定　　价：58.00元

联 系 电 话：（010）68990642　68360970
购 书 热 线：（010）68990682　68990686
网 络 订 购：http://zgfzcbs.tmall.com
网 购 电 话：（010）68990639　88333349
本 社 网 址：http://www.develpress.com
电 子 邮 件：841954296@qq.com

序 言

我在2020年发表于《政治经济学评论》的文章《长期停滞及其应对方案——基于“全球化深化”的视角》中提到：当前无论是人口增长率还是老龄化都对全球经济复苏造成了挑战。一方面，全球人口增长率已经从1960年的2.33%下降至2018年的1.11%；而高收入国家人口增长率则从1960年的2.91%下降至2018年的0.49%，部分国家人口增长率已经为负值。另一方面，发达国家及部分发展中国家也面临着日益严重的人口老龄化问题。老年人口抚养比的快速上升使更多的资源投入养老等消费领域，储蓄和投资将会相对减少，经济发展的负担将越来越重。

整体来看，老年人口规模增大将会对资本积累和就业规模的扩大造成不利影响，进而拖累经济发展。随着人口老龄化的加剧，家庭在养老、医疗等方面的支出将会增多，进而导致整个社会的储蓄率下降。除增加家庭部门的消费支出外，政府部门用于社会保障等方面的公共消费支出也将大幅增加。消费的增加和储蓄的降低将导致投资减少，对长期经济增长造成不利影响。此外，老年人抚养比的上升一方面体现了人口趋于老龄化的状况，另一方面也体现了全球面临着劳动力人口规模的相对下降甚至绝对下降，这将造成劳动力供给的短缺现象。近年来，中国等新兴国家也开始面临“人口红利”逐渐消失，进而拖累经济增长的状况。

在这一背景下，本书研究了老年人健康和家庭资产配置的动态关系，具有鲜明的需求导向、问题导向和目标导向特征，旨在通过解决技术瓶颈背后的核心问题，促使基础研究成果走向应用。本书对房价和老年人健康状况及家庭资产配置动态关系的研究，运用了多种方法来避免实证中存在的偏差，为“以房养老”等领域提供了可靠的理论依据和政策建议。

范志勇

2023 年 4 月

目　录

第一篇　理论与国际现状

第二篇 中国住房金融体系与“以房养老”模式

第一篇

理论与国际现状

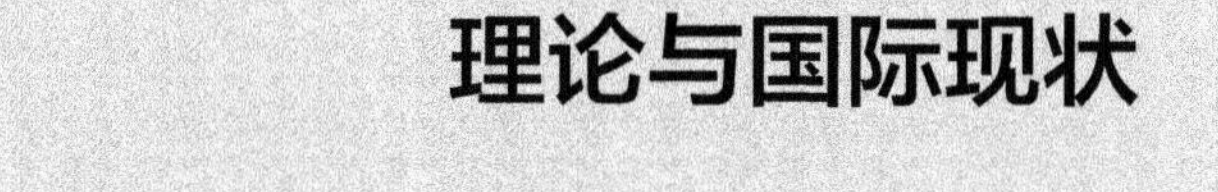

第一章

研究背景与意义

研究背景

党中央、国务院高度重视发展养老服务，着力构建居家社区机构相协调、医养康养相结合的养老服务体系，取得明显成效。2020 年 12 月国务院办公厅印发的《关于建立健全养老服务综合监管制度促进养老服务高质量发展的意见》指出，要深入贯彻落实党的十九大和十九届二中、三中、四中、五中全会精神，深化“放管服”改革，加快形成高效规范、公平竞争的养老服务统一市场，建立健全养老服务综合监管制度，坚持公正监管、规范执法，不断优化营商环境，引导和激励养老服务机构诚信守法经营、积极转型升级、持续优化服务，更好适应养老服务高质量发展要求，更好满足人民群众日益增长的养老服务需求，可见政府对于养老服务和老年人生活质量的高度重视。

2023 年 2 月，国家统计局发布的《2022 年国民经济和社会发展统计公报》显示，2022 年末全国人口为 141175 万人，比上年末减少 85 万人，其中城镇常住人口为 92071 万人。全年出生人口为 956 万人，出生率为 6.77‰；死亡人口为 1041 万人，死亡率为 7.37‰；人口自然增长率为负。我国的人口老龄化问题随着近些年生育的断崖式下降愈加凸显，人口老龄化是伴随经济增长和社会发展进步的必然趋势，然而也将成为未来经济和社会发展的严峻挑战，这使老龄家庭的养老、资产、健康和医疗逐步成为学术界和社会关注的热点。我国现在面临的人口老龄化速度加快、老龄人口数量庞大、高龄老人数量增长迅速等问题将成为未来经济快速发展的严重制约。相比于美国和日本等发达国家，我国的老龄化是在更低的收入水平上发生的，且家庭收入和健康的保障较少，这些都将加重我国家庭和社会的经济负担。《中共中央 国务院关于加强新时代老龄工作的意见》指出，有效应对我国人口老龄化，事关国家发展全局，事关亿万百姓福祉，事关社会和谐稳定，对于全面建设社会主义现代化国家具有重要意义。近些年，我国劳动人口数量呈现逐年下降的趋势，国家卫健委、全国老龄办发布的《2020 年度国家老龄事业发展公报》显示，2020 年全国（不含港澳台地区）老年人口抚养比[①]为 19.70%，比 2010 年提高 7.80 个百分点。根据清华大学养老金工作室的研究，到 2035 年，我国 65 岁以上的老年人口将会达到 2.94 亿，届时可能会出现一位老年人由不足两位纳税人供养的情形，人口老龄化给社会带来的负担可见一斑。2022 年 8 月，经国务院同意，国家卫生健康委、国家发展改革委等部门联合印发《关于进一步完善和落实积极生育支持措施的指导意见》，要求加快建立积极生育支持政策体系，为推动实现适度生育水平、促进人口长期均衡发展提供有力支撑。此指导意见的出台正值《中共中央 国务院关于优化生育政策 促进人口长期均衡发展的决定》实施一周年，人口问题已得到足够重视。

养老问题在我国自古就有，古时候的解决方法是将养老问题家庭化，所谓“养儿防老”。例如汉朝的“举孝廉”制度，选拔人才时参考其对父母的孝顺程度。以家庭为基础的养老模式一直盛行至明清时期，这种养老模式使儒家思想在社会中根深蒂固，子女与父母捆绑，个别的甚至成为父母的“资产”。社会养老是现代社会的产物，工业化、城镇化及其衍化出

① 老年人口抚养比是指某一人口中老年人口数与劳动年龄人口数的比值，用以衡量每 100 名劳动年龄人口要负担多少名老年人。

的现代社会生产模式使自古以来的子承父业模式被彻底打破，“小农经济”时期的生产资料代际传递模式被打破，随之而来的是家庭养老的难以维系。随着独生子女政策的实施、城镇化的不断推进和女性劳动力的数量不断增加，现代社会生育率越来越低，子女的数量越来越少，人口抚养比越来越高。将养老问题家庭化势必给年轻人带来过重的养老负担，扩大社会养老服务供给，社会养老与家庭养老相结合是未来的发展趋势。

随着医疗技术水平的提升，卫生状况的改善，以及家庭对于生活质量和健康状况的重视，人口的死亡率大幅降低，预期寿命显著延长，我国已逐步跨入老龄化社会，而这种年龄结构在相当长的一段时间内都是不可逆转的，这是伴随经济发展和社会进步的必然趋势，从 2000 年初至 2021 年底，全国 65 岁以上老年人占总人口的比重由 7.63% 增至 14.20%，预期寿命则由 1981 年的 67.77 岁升至 2020 年的 77.93 岁[①]。在这种情形下，政府所能做的是在适应它的前提下，运用制度调节和政策调控手段合理规避人口老龄化问题给我国带来的各种风险和制约。

一方面，人口老龄化会对储蓄、税收、社会福利体系和劳动力市场造成冲击，会加重卫生和医疗保健体系的负荷，我国出现“未富先老”的问题已不可避免。正如 Pifer（1986）所言，人口老龄化继续发展下去所产生的冲击，将不亚于工业化、全球化、城镇化等人类历史上任何一次伟大的经济和社会革命所产生的冲击[②]。人口老龄化问题也并非仅仅出现在我国，欧美和日本等发达国家和地区早已迈入老龄化社会，借鉴这些国家和地区的做法，提高职工的退休年龄将成为我国未来必然的选择。延长老年人的健康寿命（总寿命减去生活不能自理、需要他人帮扶的年数），正是延迟

---

① 中华人民共和国国家统计局 . 中国统计年鉴（1999—2022）[M]. 北京：中国统计出版社，1999—2022.

② Pifer, Alan and D. Lydia Bronte. Introduction: Squaring the pyramid[J]. Daedalus, 1986: 1–11.

退休年龄的重要保障，因而老年人的健康和医疗状况越来越引起学者和政策制定者们的广泛关注。

自2012年起，我国又迎来了新一轮的医疗改革，2009年至今，我国的医疗改革效果显著且取得了阶段性成果，与此同时一些问题也逐渐浮出水面，例如医患矛盾加剧、病患的医疗费用随医保覆盖面的扩大而上涨、公立医院改革进展缓慢、公立医疗机构与民营医疗机构资源分配不均等。贾男和马俊龙（2015）认为，新农合的非携带特征不利于劳动力的大范围自由流动，且对中老年人的锁定效应高于青年人①。这些问题的产生并非偶然，而是涉及我国医疗体制和医疗保险结构的深层次矛盾，也正是这些矛盾和问题推动政府及相关决策部门进一步完善政策。在当下的经济和社会形势下，政策制定者对家庭健康和医疗状况给予了很大的关注，对这方面的研究不仅可以使政策制定者认清影响我国家庭健康和医疗状况的主要因素，还可以为我国卫生和医疗保健体系的改革提供可靠且有力的指导。

另一方面，新冠疫情对我国及世界各国的医疗和经济造成了较大冲击，老年人的健康状况越来越受到社会的广泛关注。图1-1为2020年1月1日至2021年1月16日美国因感染新冠病毒致死的按年龄和性别分布的比率②，不难发现新冠疫情导致的死亡率在各年龄组的分布是非常不均匀的，55岁及以上人群的致死率显著高于年轻人群，而85岁及以上年龄组的死亡率已达到1.69%，这可能缘于老年人免疫力低和自身的基础性疾病，因而所受的影响相对显著。同时，新冠疫情也在很大程度上改变了中国家庭的资产选择。甘犁等（2020）发现新冠疫情下中国家庭整体偏好中低风险类资产，家庭购房意愿和商业保险类资产的配置意愿有所提升③。

---

① 贾男，马俊龙．非携带式医保对农村劳动力流动的锁定效应研究[J]. 管理世界，2015（9）.

② 数据来源于美国国家卫生统计中心。

③ 甘犁，路晓蒙，王香，等．新冠疫情冲击下中国家庭财富变动趋势[J]. 金融论坛，2020（10）.

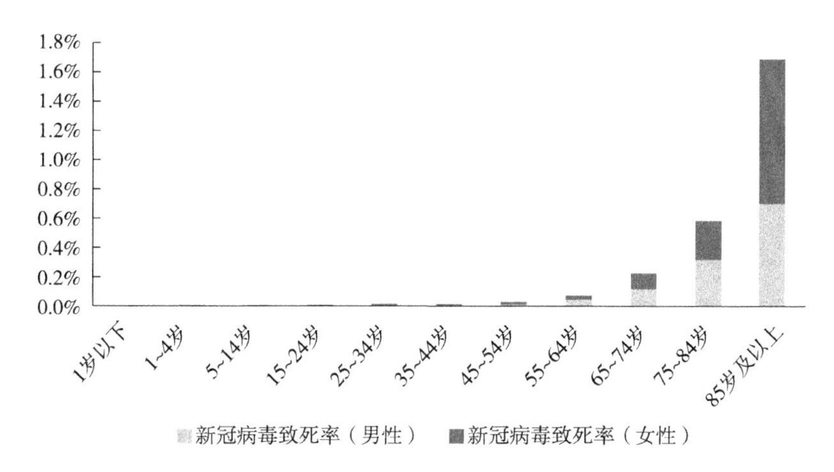

图 1-1 美国按年龄和性别分布的新冠病毒致死率

当前，金融日益渗透到我国家庭的日常生活中，个人购买金融产品或资产投资溢价进而参与金融市场的情况越来越普遍。金融化对社会发展产生了深远影响，其正面影响包括促进居民手中资产的流动，提高家庭资产的配置效率；其负面影响包括加剧收入、财富分配以及社会保障方面的不平等，使人才过度进入金融相关行业，影响实体经济的繁荣和社会的长期发展。中国老龄家庭的资产配置对中国经济的影响深远。Imrohoroglu 和 Zhao（2018）运用包含老龄风险、家庭保险、人口结构变化和生产率增长的一般均衡模型进行研究，发现中国老年人面临的风险组合和独生子女政策导致的家庭保险的退化可以解释 1980—2010 年约一半的储蓄率增加[①]。目前中国家庭的资产组合选择也存在一定问题。陈国进和姚佳（2008）计算分析了我国 1992—2005 年居民家庭的金融资产组合状况及变化趋势，发现受到财产总量、家庭风险、金融意识和金融发展的约束，我国居民的家庭金融资产呈现多元化趋势，但相对于发达国家而言，仍然以储蓄存款

① Imrohoroglu, Ayse and Kai Zhao. The Chinese saving rate: Long-term care risks, family insurance, and demographics[J]. Journal of Monetary Economics, 2018(96): 33-52.

为主，风险性资产投资比重很低[①]。

研究意义

中国住房的金融化有别于美国等西方国家，中国的住房制度在改革开放后经历了住房资产化的改革，房地产领域的投资信托和私募基金规模不断扩大，但目前尚没有住房抵押贷款证券化的金融衍生产品，且租赁住房的金融化也尚处于初级阶段。住房作为一种特殊的生活必需品，兼具商品属性与社会保障性。为维护国民的基本住房权益，发达国家普遍通过大力发展政策性住房金融来推动住房保障事业的健康发展。政策性住房金融是指为贯彻政府的社会经济政策或意图，以国家信用为基础，在住宅业从事资金融通，为公共政策服务提供金融服务支持。政策性住房金融的融资优势在于：一方面可以弥补房地产市场的“市场失灵”问题，提供市场无法提供的住房金融服务；另一方面可以借助国家信用有效放大财政融资功能，为住房保障领域注入大量的低成本民间社会资金。一般情况下，商业银行遵循安全性、流动性、盈利性等原则进行融资，并将盈利性置于核心位置。住房融资的投资回收期较长、盈利水平较低、投资风险较大，故而难以赢得商业信贷的积极参与，单纯依靠市场机制这只“看不见的手”难以满足融资需求。另外，住房融资具有一定的准公共产品属性，当市场面临金融危机时，需要政府适时发挥主导作用以弥补市场缺陷，这里所谓政府发挥主导作用并不意味着政府财政资金直接注入房地产市场。本书的第三章《“以房养老”的国际模式》将详细论述美国等发达国家的普遍做法，主要是以国家信用为基础成立政策性住房金融机构，发挥财政资金的导向

---

① 陈国进，姚佳．中国居民家庭金融资产组合研究 [J]. 西部金融，2008（8）.

作用和杠杆作用，从而撬动民间社会资本，达到将低成本的社会资金注入住房保障领域的目的。住房政策性金融作为财政投融资的表现形式，借助国家信用，促进了政府财政与市场资金的相互配合，既有效放大了财政融资功能，又为低成本的民间社会资金注入住房保障领域提供了渠道支持，可以为老年人居家养老服务提供有效的金融制度保障，可以有效缓解政府部门在养老和住房保障领域面临的巨大财政压力。目前，美国等发达经济体均采用商业性住房金融与政策性住房金融并行的住房金融体系，二者相互作用、相互扶持、相互配合，共同为房地产市场融资。

现阶段，我国的政策性住房金融体系建设尚处于初级阶段，财政投融资仍以政府直接投资为主，政策性投融资机制仍不完善，故而难以撬动民间资金进入住房保障领域，财政融资功能难以乘数放大，也无法采用政策性住房金融与商业性住房金融并行的住房金融体系。与美国、德国、日本、韩国等发达经济体不同，我国目前尚无关于政策性住房金融的法律法规，这在很大程度上限制了我国政策性住房金融体系的建立健全。为避免住房金融领域可能发生的混乱、欺诈等问题，政府应加快政策性住房金融的立法进程，切实以法律法规的形式明确规范政策性住房金融的组织形式、业务范围、监管机制、资金来源、风险规避等，为推动政策性住房金融发展创造有利的法治环境，同时为养老金融产品的推行提供必要的政策保障。同时，美国等发达国家普遍成立了国家层面的政策性住房金融机构，专门负责落实并执行住房金融政策，而政策性住房金融在我国的发展尚处于初级阶段，目前仍无真正意义上的政策性住房金融机构。

综上所述，本书的研究意义可以概述为以下三点。

第一，老年家庭的健康和医疗状况对整个社会的经济和发展具有至关重要的作用，有效保证和改善中老年家庭的健康和医疗状况是我国未来社会和经济快速发展的前提和保障，也是我国步入老龄化社会需要面对的问题和考验。本书通过对家庭健康和医疗状况的研究，可以对老年家庭的健康和医疗状况有更为准确和具体的认识，从而发现我国医疗卫生和医疗保障体制中存在的问题，对政府切实有效地健全医疗卫生体系和完善医疗保障体系具有一定的借鉴意义。

第二，本书通过对房价和老年家庭资产配置的研究，可以对老年家庭的资产选择和所面临的风险有更为清晰的认识，从而为应对中国社会人口老龄化问题提供可靠的理论依据和实践基础。

第三，“以房养老”模式在我国尚处于探索阶段，在推行过程中还存在相当大的难度，在学术层面上具有较大的探索空间，在实践层面上也刚刚起步，急需理论与实证方面的深入研究。

第二章

文献综述

家庭资产与健康状况的研究

一、家庭资产对其成员健康状况的影响

国内外文献广泛讨论了家庭成员健康状况的影响因素，如教育（Elo和Preston，1996）[①]、社会阶层（Wilkinson，1999；Brunner和Marmot，2006）[②]、种族（McCord和Freeman，1990；Sorlie et al.，1992）等[③]，本书重点关注家庭资产配置层面的影响。

众多学者的研究表明，资产与健康状况高度相关，但其中存在的反向因果关系往往成为实证模型中准确估计的难点。收入或财富的增长会提高健康投入（医疗、食品等），而良好的健康状况也会提高劳动者在劳动力市场的竞争力，从而增加收入，后者的影响在低收入及退休群体中更为显

① Elo, Irma T. and Samuel H. Preston. Educational differentials in mortality: United States, 1979–1985[J]. Social Science & Medicine, 1996, 42(1): 47–57.

② Wilkinson, Richard G., Health, hierarchy, and social anxiety[J]. Annals of the New York Academy of Sciences, 1999, 896(1): 48–63; Brunner, Ewald J. and Michael G. Marmot. Social organization, stress, and health[J]. Social Determinants of Health, 2006(2): 17–43.

③ McCord, Colin and Harold P. Freeman. Excess mortality in Harlem. New England Journal of Medicine[J]. 1990, 322(3): 173–177; Sorlie, Paul, Eugene Rogot, Roger Anderson, Norman J. Johnson, and Eric Backlund. Black-white mortality differences by family income[J]. The Lancet, 1992, 340(8815): 346–350.

著（Wilkinson,1990）[①]。Deaton（2002）发现，残疾是导致低收入和贫困的首要因素[②]。

现有的文献已经对如何有效解决资产与健康状况之间的内生关系进行了深入探讨，主要有三个维度：第一，按照年龄进行分组分析，例如儿童（Case et al.，2002）[③]、退休前的成年人（Smith，1999；Smith，2004；Smith，2005；Case and Deaton，2003）[④]、老年人（Adams et al.，2003；Smith，2007）[⑤]等；第二，按照收入水平进行分组分析，如低收入国家（Deaton，2002）；第三，选取自然试验，即外生的冲击进行分析，如家庭背景或基因、双胞胎试验、彩票中奖、遗产继承、股票市场中的泡沫与萧条等（Currie 和 Stabile，2003；Dehejia 和 Lleras-Muney，2004；Van den Berg et al.，2006；Gardner 和 Oswald，2007；Michaud 和 Van Soest，2008；Adda et

---

① Wilkinson, Richard G.. Income distribution and mortality: a "natural" experiment[J]. Sociology of Health & Illness, 1990, 12(4): 391–412.

② Deaton, Angus. Policy implications of the gradient of health and wealth[J]. Health Affairs, 2002, 21(2): 13–30.

③ Case, Anne, Darren Lubotsky, and Christina Paxson. Economic status and health in childhood: The origins of the gradient, American Economic Review, 2002, 92(5): 1308–1334.

④ Case, Anne and Angus Deaton. Consumption, health, gender, and poverty, The World Bank, 2003; Smith, James P.. Healthy bodies and thick wallets: the dual relation between health and economic status[J]. Journal of Economic Perspectives, 1999, 13(2): 145–166; Smith, James P.. Unraveling the SES: health connection[J]. Population and Development Review, 2004(30): 108–132; Smith, James P.. Consequences and predictors of new health events[M]//Analyses in the Economics of Aging. Chicago: University of Chicago Press, 2005: 213–240.

⑤ Adams, Peter, Michael D. Hurd, Daniel McFadden, Angela Merrill, and Tiago Ribeiro. Healthy, wealthy, and wise? Tests for direct causal paths between health and socioeconomic status[J]. Journal of Econometrics, 2003, 112(1): 3–56; Smith, James P., The impact of socioeconomic status on health over the life-course[J]. Journal of Human Resources, 2007, 42(4): 739–764.

al.，2009；Gerdtham et al.，2016；Schwandt，2018）[①]。

二、健康状况对家庭资产配置的反向影响

大量文献已经从实证角度证实了健康对资产组合选择的影响。Rosen 和 Wu（2004）分析了美国健康与退休研究（Health and Retirement Study，HRS）数据，发现健康状况可以很好地预测家庭资产组合选择，即健康状况较差的家庭不太可能持有高风险资产[②]。Berkowitz 和 Qiu（2006）同样使用 HRS 数据进行了研究，发现新疾病的确诊对家庭金融资产的负向影响大于其对非金融资产的影响，且健康冲击先是显著降低家庭总资产，然后使家庭调整其资产组合[③]。雷晓燕和周月刚（2010）研究了 2008 年的中国健康与养老追踪调查（CHARLS）数据，发现健康状况变差会使城市居民减少其金融资产，尤其是风险资产的持有，同时将资产向安全性较高的生

① Adda, Jérôme, Hans-Martin von Gaudecker, and James Banks, The impact of income shocks on health: evidence from cohort data[J]. Journal of the European Economic Association, 2009, 7(6): 1361-1399; Currie, Janet and Mark Stabile. Socioeconomic status and child health: Why is the relationship stronger for older children[J]. American Economic Review, 2003, 93(5): 1813-1823; Dehejia, Rajeev and Adriana Lleras-Muney. Booms, busts, and babies' health[J]. The Quarterly Journal of Economics, 2004, 119(3): 1091-1130; Gardner, Jonathan and Andrew J. Oswald. Money and mental wellbeing: A longitudinal study of medium-sized lottery wins[J]. Journal of Health Economics, 2007, 26(1): 49-60; Gerdtham, U-G., Petter Lundborg, Carl Hampus Lyttkens, and Paul Nystedt. Do education and income really explain inequalities in health? Applying a twin design[J]. The Scandinavian Journal of Economics, 2016, 118(1): 25-48; Michaud, Pierre-Carl and Arthur Van Soest. Health and wealth of elderly couples: Causality tests using dynamic panel data models[J]. Journal of Health Economics, 2008, 27(5): 1312-1325; Schwandt, Hannes. Wealth shocks and health outcomes: Evidence from stock market fluctuations[J]. American Economic Journal: Applied Economics, 2018, 10(4): 349-77; Van den Berg, Gerard J Van, Maarten Lindeboom, and France Portrait. Economic conditions early in life and individual mortality[J]. American Economic Review, 2006, 96(1): 290-302.

② Rosen, Harvey S. and Stephen Wu. Portfolio choice and health status[J]. Journal of Financial Economics, 2004, 72(3): 457-484.

③ Berkowitz, Michael K. and Jiaping Qiu. A further look at household portfolio choice and health status[J]. Journal of Banking & Finance, 2006, 30(4): 1201-1217.

产性资产和房产转移[①]。吴卫星等（2011）分析了奥尔多投资咨询中心2009年的“投资者行为调查”数据，发现投资者的健康状况显著影响家庭的股票或风险资产在总财富中的比重，健康状况不佳会导致这两者的比重降低[②]。

三、健康状况及医疗支出的动态分析

健康状况和医疗支出的动态性在学界得到了广泛的关注，当期的健康状况和医疗支出很有可能影响下一期的健康状况和医疗支出，即不同期之间存在着状态依赖关系。Finkelstein et al.（2009）指出，健康存在的状态依赖是一种本质特征，是进行研究时不可或缺的重要假设条件[③]。学者们从不同方面对家庭健康和医疗状况进行了动态实证分析。Feenberg 和 Skinner（1994）假设医疗支出的截面分布是对数正态的，发现医疗支出的对数可以被 ARMA（1，1）过程很好地模拟[④]。French 和 Jones（2004）运用美国的 HRS 和高龄老人的资产和健康动态（Assets and Health Dynamics of the Oldest Old，AHEAD）数据对医疗成本分布的决定因素和动力性的随机过程进行了研究，发现医疗支出对数值数据的产生过程可以很好地被白噪声过程和稳定的 AR（1）过程解释，通过模型动态模拟可以发现，给定某一年，0.1% 的家庭会遭受至少 125000 美元的医疗支出的冲击[⑤]。De Nardi et al.（2006）构建了考虑异质性的退休单身家庭的储蓄行为模型，并基于美

---

① 雷晓燕，周月刚 . 中国家庭的资产组合选择：健康状况与风险偏好 [J]. 金融研究，2010（1）.

② 吴卫星，荣苹果，徐芊 . 健康与家庭资产选择 [J]. 经济研究，2011（S1）.

③ Finkelstein, Amy, Erzo FP Luttmer, and Matthew J. Notowidigdo. Approaches to estimating the health state dependence of the utility function[J]. American Economic Review, 2009, 99(2): 116–121.

④ Feenberg, Daniel and Jonathan Skinner. The risk and duration of catastrophic health care expenditures[J]. The Review of Economics and Statistics, 1994, 76(4): 633–647.

⑤ French, Eric and John Bailey Jones. On the distribution and dynamics of health care costs, Journal of Applied Econometrics, 2004, 19(6): 705–721.

国的 AHEAD 数据，采用模拟动差估计法进行了实证分析，发现预期寿命延长和面临高医疗支出的风险在很大程度上解释了老年人的储蓄行为[①]。另外，医疗支出随年龄和持久收入的快速增长可以解释为何女性和高收入人群会在一定程度上选择放缓其消费资产的速度。

近年来，越来越多的学者开始关注中国家庭的健康和医疗状况。赵忠和侯振刚（2005）利用中国健康和营养调查（CHNS）数据，基于 Grossman 模型对我国城镇居民的健康需求进行了实证研究，发现与收入的不平等相比，城镇居民健康状况的分布较为平均，受教育程度对健康状况有正的影响，而收入或工资水平对健康的影响并不显著[②]。储雪玲和卫龙宝（2010）同样基于 CHNS 数据，运用非线性动态随机效应模型对影响我国农村居民健康的医疗和收入、教育等社会经济因素进行了实证分析，发现初中及以上的受教育程度对保持良好的健康状况具有显著的积极作用，收入对于健康状况有显著的正向影响，医疗价格对于健康有显著的负向影响，且各因素对于健康的影响存在着性别差异[③]。高建刚和王冬梅（2010）采用 2002 年和 2003 年国家统计局的城镇住户调查（UHS）数据，运用双重差分模型和分量回归法进行了研究，发现影响家庭医疗支出总额的主要因素有户主年龄、家庭工作人口数量、家庭可支配收入与家庭食品总支出[④]。

时代在变化，美国经济学会的第一任秘书兼第六任主席理查德于 1984 年出生于纽约州布法罗附近。他的职业生涯非常漫长。他在威斯康星大学任教 33 年，于 72 岁退休，后被西北大学聘用至 79 岁退休。根据 Hacker

---

① De Nardi, Mariacristina, Eric French, and John Bailey Jones. Differential mortality, uncertain medical expenses, and the saving of elderly singles, National Bureau of Economic Research, 2006.

② 赵忠，侯振刚 . 我国城镇居民的健康需求与 Grossman 模型——来自截面数据的证据 [J]. 经济研究，2005（10）.

③ 储雪玲，卫龙宝 . 农村居民健康的影响因素研究——基于中国健康与营养调查数据的动态分析 [J]. 农业技术经济，2010（5）.

④ 高建刚，王冬梅 . 城镇居民医疗支出的不均等性及影响因素分析 [J]. 经济经纬，2010（3）.

（2010）编制的19世纪50年代在美国出生的白人男性的寿命表[①]，当理查德在89岁去世时，他的寿命超过了当时99%的男性。然而随着科学技术的进步和医疗水平的不断精进，Bell和Miller（2005）预测，对于2010年出生的美国人，35%的男性将活到他们的89岁生日，而有2%的男性将活到他们的102岁生日。

中国家庭资产配置中的房产研究

一、家庭资产中的房地产比重

根据2016年中国家庭金融资产配置风险报告，中国家庭总资产中房产的占比由2013年的62.3%，攀升至2016年的68.8%。相比较而言，美国家庭配置在房产上的资产比重较低，2013年仅为36.0%，其主要资产配置方式是流动性相对较高的股票、债券等金融资产，占比约为41.8%。李凤等（2016）通过分析2013年和2015年的中国家庭金融调查（CHFS）数据，发现家庭住房资产是中国家庭资产的主要构成部分，近年来出现了较快的增长，尤其是在一、二线城市的家庭[②]。

二、中国家庭偏好房地产的归因分析

（一）资本市场发展不完善

根据中国家庭金融调查（CHFS）数据，与欧美发达国家相比，中国

① Hacker, J. David. Decennial Life Tables for the White Population of the United States, 1790–1900[J]. Historical Methods: A Journal of Quantitative and Interdisciplinary History, 2010, 43(2): 45–79.

② 李凤，罗建东，路晓蒙，等.中国家庭资产状况、变动趋势及其影响因素[J].管理世界，2016（2）.

家庭的资本市场参与率较低，且城乡差异显著[①]。史代敏和宋艳（2005）通过研究四川省统计局提供的该省2002年城镇居民家庭财产抽样调查数据，发现我国居民家庭能够持有的金融资产品种较少，各年龄层次居民的金融资产结构相近[②]。Dong et al.（2019）发现，在中国当家庭遇到经济方面的不确定性时，会倾向于购买更多的房产以抵御不确定性带来的风险，这可能缘于中国以股票、衍生品为代表的金融市场发展不完善，普通家庭只能选择风险相对较低，运作过程相对透明，政府监管相对到位的房产进行投资[③]。

（二）居民家庭金融素养较低

尹志超等（2014）运用CHFS数据进行研究，发现金融知识的增加会推动家庭参与金融市场，并增加家庭在风险资产尤其是股票资产上的配置，而购买自有住房则会“挤出”家庭对金融市场的参与和风险投资[④]。曾志耕等（2015）通过分析2013年的CHFS数据发现，金融知识水平对家庭风险资产配置种类的多样性有显著的正向影响[⑤]。吴卫星等（2018）分析了清华大学中国金融研究中心2010年和2011年的“中国消费金融现状及投资者教育调查”数据，发现绝大多数中国家庭金融素养较低，家庭金融知识缺乏的现象十分普遍，且金融素养在不同年龄、性别和教育程度的人群中存在明显的异质性，他们指出，任何涉及居民家庭的金融政策（如养老

---

① 根据CHFS数据，中国家庭的金融市场参与率为11.5%，股票市场参与率为8.8%，其中，城市家庭为14.3%，农村家庭为2.3%；基金市场的参与率为4.2%，其中城市家庭为7.6%，农村家庭为1.3%。

② 史代敏，宋艳．居民家庭金融资产选择的实证研究[J].统计研究，2005（10）．史代敏和宋艳（2005）提出发达国家老年人金融资产中储蓄存储占有较高且稳定的比重，而我国的金融市场上却并没有适合老年家庭投资的金融产品。

③ Dong, Feng, Jianfeng Liu, Zhiwei Xu, and Bo Zhao. Flight to housing in china[J]. Journal of Economic Dynamics and Control, 2019.

④ 尹志超，宋全云，吴雨．金融知识、投资经验与家庭资产选择[J].经济研究，2014（4）．

⑤ 曾志耕，何青，吴雨，等．金融知识与家庭投资组合多样性[J].经济学家，2015（6）．

保险的改革）都不应忽视金融素养的影响[①]。

中国的房价及其变动的影响机制

自1978年改革开放以来，中国的房地产市场逐步从计划型转变为市场型，并在2008年前后开始了迅猛增长。1949年新中国成立初期，中国仍处于新民主主义社会发展阶段，国家承认住房私有权，公共与私人房产并存，公私并举。1956年，中共中央批转中央书记处《关于目前城市私有房产基本情况及进行社会主义改造的意见》。自此，中国开始实施私有出租房屋的社会主义改造，绝大部分房屋实行国家经租房机制，仅有极少数大城市对私营房产公司和大房主实行公私合营。国家经租房机制是对城市房屋占有者用类似赎买的方法，在一定时期内给予固定的租金，从而逐步改变房屋的所有制。中国1987年才开始进行全国性的房价统计，到1992年住房仍以实物分配为主，住房均价始终维持在千元以下。1998年国务院颁布《国务院关于进一步深化城镇住房制度改革加快住房建设的通知》，以推进住房分配货币化的实现。然而受到东南亚金融危机的影响，房价在2000—2004年并无较大涨幅。中国的房价自2004年后才开始上涨，2008年后，中国大多数城镇的房价开始快速增长。随着城镇化进程的推进，居民可支配收入显著提升，住房需求显著增加。与此同时，受到财政分权的影响，地方财政收入严重依赖于土地出让金和房地产相关税费，房价维稳的动力不足。吕江林（2010）依据我国房价收入比合理上限的模型，推导出近年来我国城市住房市场总体存在泡沫且部分城市泡沫较大，其中蕴含

① 吴卫星，吴锟，王琎．金融素养与家庭负债——基于中国居民家庭微观调查数据的分析[J]. 经济研究，2018（1）.

着较大的金融风险[①]。

我国的个人住房金融制度是在房地产市场从以计划为主导走向以市场为主导的过程中逐渐演化而来的。计划经济体制下我国城镇住房基本为国家统包、无偿分配，采用由单位负责的福利分房制度，然而这种做法出现了诸多弊端。有些单位盈利状况不佳或领导话语权不高，无力为其职工建房分房，而城镇居民工资较低，储蓄匮乏，尤其是在大城市很难从市场直接购买房屋。为解决城镇居民的住房问题，我国经历了探索借鉴、逐步发展，形成了以商业贷款为主、住房公积金为辅的个人住房金融格局。1985年，中国建设银行为深圳南油集团85名员工首次办理了80万元的住房按揭贷款。1991年，国务院发布《关于继续积极稳妥地进行城镇住房制度改革的通知》，在此文件中首次明确提出发展住房金融业务。1995年，中国人民银行发布《商业银行自营住房贷款管理暂行规定》，对住房贷款的界定、借款条件、贷款期限、利率等进行了规范，逐步规范个人住房金融的发展。1998年，中国人民银行发布《个人住房贷款管理办法》，成为住房贷款的纲领性文件，为个人住房金融提供了重要的法规保障。此后，我国住房按揭贷款市场得到了快速发展。同时，上海市在借鉴新加坡中央公积金制度的基础上，1991年首次推出住房公积金制度，由单位和在职职工共同缴存住房公积金。随后公积金制度在全国范围内推广，并作为一种强制性的储蓄和优惠贷款政策被写入法律。单位不办理住房公积金缴存登记或者不为本单位职工办理住房公积金账户的，住房公积金管理中心有权责令其在一定期限内办理，逾期不办理的，可以按《住房公积金管理条例》的有关条款进行处罚，并可申请人民法院强制执行。根据《全国住房公积金2021年年度报告》，截至2021年末，全国共设有住房公积金管理中心

① 吕江林. 我国城市住房市场泡沫水平的度量[J]. 经济研究，2010（6）.

341个，住房公积金缴存余额为81882.14亿元，2021年发放个人住房贷款13964.22亿元。

高涨的房价和金融市场的不完善促使投资性住房需求不断攀升，家庭投资者普遍将房地产视为家庭资产保值增值的最佳投资标的，从而导致家庭资产配置的扭曲。甘犁等（2013）根据2011年的CHFS数据进行推算得出，以目前的产能，不到两年时间就能满足现有家庭的刚性需求，从长远来看房价的下跌是难以避免的[①]。目前研究房价变动影响机制的文献主要集中于居民储蓄率、居民消费、资本市场和家庭行为模式这四个领域。

一、房价变动对居民储蓄率的影响

改革开放以来，我国的居民储蓄率稳步提高，国内外学者从不同角度针对中国居民高储蓄的原因进行了大量研究[②]，一些文献开始关注中国房价上涨对居民储蓄率的影响。

一部分学者认为房价的上涨使中国家庭不得不为购房而储蓄。Wei和Zhang（2011）分析了2002年的CHIPS数据和1980—2007年的省际面板数据，发现中国的高储蓄率源于性别比例失衡引起的竞争性储蓄动机，拥有儿子的家庭为了提高其子的婚恋市场竞争力买房从而提高储蓄率[③]。陈彦斌和邱哲圣（2011）构建了一个包含内生住房需求的Bewley模型，发现房价的高速增长通过引致富裕家庭投资性住房需求的增加而进一步推高房价，部分年轻家庭为了追赶房价不得不提高储蓄率，而部分贫困家庭也

① 甘犁，尹志超，贾男，等.中国家庭资产状况及住房需求分析[J].金融研究，2013（4）.

② 胡羽珊和王亚华（2014）构建了数理模型进行论证，认为我国独特的年龄-收入模式对于城镇居民储蓄率的影响方向取决于健康寿命与总寿命的比值；定量测算表明，1995—2011年我国独特的年龄-收入模式对于城镇居民储蓄率的影响为2%~3%。

③ Wei, Shang-Jin and Xiaobo Zhang. The competitive saving motive: Evidence from rising sex ratios and savings rates in China[J]. Journal of Political Economy, 2011, 119(3): 511-564.

因其无法获得足够的住房而使城镇家庭住房不平等程度增加[①]。陈斌开和杨汝岱（2013）运用2002—2007年的城镇住房调查（UHS）数据进行的实证研究表明，住房价格上涨使居民不得不“为买房而储蓄”，从而提高居民储蓄率，同时住房价格对年轻人和老年人的影响较大[②]。李雪松和黄彦彦（2015）研究了中国家庭金融调查（CHFS）数据，发现房价上涨对多套房决策具有显著的正向作用，房价持续上涨时，人们“为购房而储蓄”，“为偿还住房贷款而储蓄”，多套房决策对城镇居民储蓄率有显著的正向影响[③]。

另一部分学者认为房价变动对居民储蓄率无影响。赵西亮等（2014）运用2002年和2007年的中国居民家庭收入调查（CHIPS）数据进行的实证研究表明，房价上涨不能解释中国城镇居民的储蓄率上升；相反，对于租房家庭来说，房价上涨显著降低其储蓄率，而对于有房家庭来说，房价上涨会显著降低拥有多套住房家庭的储蓄率，不会影响仅有一套住房家庭的储蓄率[④]。

二、房价变动对居民消费的影响

国内外文献中房价变动与居民消费的相关关系主要表现为两个方面。

一方面，房价上升将产生住房财富效应和住房抵押效应，促进消费和经济增长。骆祚炎（2007）发现，我国城镇居民的住房资产的财富效应大

---

① 陈彦斌，邱哲圣．高房价如何影响居民储蓄率和财产不平等[J]. 经济研究，2011（10）.

② 陈斌开，杨汝岱．土地供给、住房价格与中国城镇居民储蓄[J]. 经济研究，2013（1）.

③ 李雪松，黄彦彦．房价上涨、多套房决策与中国城镇居民储蓄率[J]. 经济研究，2015（9）.

④ 赵西亮，梁文泉，李实．房价上涨能够解释中国城镇居民高储蓄率吗？——基于CHIPS微观数据的实证分析[J]. 经济学（季刊），2014（1）.

于金融资产的财富效应，且房产对居民的消费具有一定的支撑作用[①]。黄静和屠梅曾（2009）采用 CHNS 数据进行了实证研究，发现房地产财富对居民消费有显著的促进作用，房价上涨并没有使我国房地产财富效应增强，反而有所减弱[②]。崔光灿（2009）认为房地产价格直接影响宏观经济的稳定，房地产价格上升会增加社会总投资和总消费，房地产投资通过“财富效应”对消费的影响在我国一直很明显，对社会总投资的影响也非常显著[③]。Gan（2010）用香港的数据进行了研究，发现房产增值显著增加消费，对于大部分家庭的影响机制并非为财富效应或是抵押贷款的增多，消费的增加源于预防性储蓄的降低[④]。况伟大（2011）发现，房价对家庭住房面积和非住房消费的影响为负；家庭收入对家庭住房面积和非住房消费的影响为正；股市回报对非住房消费的财富效应显著，但对家庭住房面积不会产生财富效应[⑤]。Mian 和 Sufi（2011）研究了家庭资产抵押借贷与杠杆率之间的关系，发现家庭依靠房价上涨所带来的抵押贷款并没有继续投入到购买新的房产上，年轻人和低信用等级的人更倾向于进行房屋抵押贷款，房价上涨更容易提高他们的债务杠杆率，继而提高违约率[⑥]。

另一方面，房价上涨会增加买房者的购房和偿还贷款的成本及租户的房租，从而抑制住房消费。Li 和 Yao（2007）构建了住房价格变动的生命周期模型，该模型表明青年和老年房东对房价变动的消费反应明显大于中

---

① 骆祚炎．城镇居民金融资产与不动产财富效应的比较分析 [J]. 数量经济技术经济研究，2007（11）．

② 黄静，屠梅曾．房地产财富与消费：来自家庭微观调查数据的证据 [J]. 管理世界，2009(7).

③ 崔光灿．房地产价格与宏观经济互动关系实证研究——基于我国 31 个省份面板数据分析 [J]. 经济理论与经济管理，2009（1）．

④ Gan, Jie. Housing wealth and consumption growth：Evidence from a large panel of households[J]. The Review of Financial Studies, 2010, 23(6): 2229–2267.

⑤ 况伟大．房价变动与中国城市居民消费 [J]. 世界经济，2011（10）．

⑥ Mian, Atif and Amir Sufi. House prices, home equity–based borrowing, and the US household leverage crisis[J]. American Economic Review, 2011, 101(5): 2132–2156.

年房东，房价上涨仅仅提高了老年房东的福利，但是恶化了青年房东和租户的福利[①]。颜色和朱国钟（2013）构建了基于生命周期的动态模型，他们发现由于房价上涨无法永久持续，家庭为了购房和偿还贷款压缩消费，从而造成“房奴效应”[②]。刘哲希和陈彦斌（2018）认为，房价上涨呈现明显的信贷驱动新特征，对居民消费的挤出作用显著增强[③]。

三、房价变动对资本市场的影响

房产作为资本具有很强的特殊性，基于此传统文献将房产价值变化对股票、债券、金融衍生品等资本市场的影响归为两种不同的效应。

财富效应，Tobin 认为房产价值的提升会提高家庭的财富水平和融资能力，从而促进家庭持有更多的风险资产，提高股市和金融市场的参与率（Tobin,1982）[④]。陈伟（2015）基于 1994—2013 年的数据，认为中国房地产市场在长期和短期内都存在微弱的正财富效应[⑤]。陈永伟等（2015）研究了 2011 年 CHFS 的数据，发现住房财富的增加会显著提升家庭对金融市场的参与率，也会提升家庭对风险资产的持有比例[⑥]。

挤出效应，Flavin 和 Yamashita 认为房地产投资由于高杠杆和低流动性增加了家庭资产组合的风险，从而挤出了家庭对于其他金融产品的投资，

---

① Li, Wenli and Rui Yao. The life-cycle effects of house price changes[J]. Journal of Money, Credit & Banking, 2007, 39(6): 1375-1409.

② 颜色，朱国钟 . 房奴效应还是财富效应？——房价上涨对国民消费影响的一个理论分析 [J]. 管理世界，2013（3）.

③ 刘哲希，陈彦斌 . 消费疲软之谜与扩大消费之策 [J]. 财经问题研究，2018（11）.

④ Tobin, James. Asset Accumulation and Economic Activity: Reflections on Contemporary Macroeconomic Theory[M]. Chicago: University of Chicago Press, 1982.

⑤ 陈伟 . 中国房市和股市财富效应之比较实证分析（1994—2013）[J]. 首都师范大学学报（社会科学版），2015（2）.

⑥ 陈永伟，史宇鹏，权五燮 . 住房财富、金融市场参与和家庭资产组合选择——来自中国城市的证据 [J]. 金融研究，2015（4）.

降低了资本市场参与率（Flavin 和 Yamashita，2002，2011）①。吴卫星和齐天翔（2007）使用奥尔多投资咨询中心 2005 年所进行的“投资者行为调查”数据进行了实证研究，发现非流动性资产特别是对房地产的投资显著影响了投资者对股票市场的参与与其投资组合，而且影响以替代效应或者说挤出效应为主②。吴卫星和吕学梁（2013）分析了奥尔多投资咨询中心 2009 年进行的“投资者行为调查”数据，发现与一些发达国家相比，中国家庭更多地投资于房产，而对基金投资的参与率相对较低③。路晓蒙等（2019）分析了 2015 年的 CHFS 数据，发现购买住房对家庭参与股市和风险资本市场有显著的挤出效应，购买住房降低了家庭参与股票市场和风险资本市场的深度④。

四、房价变动对家庭行为模式的影响

房价变动会对家庭的行为模式造成一定的影响。Dettling 和 Kearney（2014）分析了美国的数据，发现房价上升降低了租房家庭当期的生育率，提高了有房家庭的生育率⑤。吴伟和周钦（2019）运用 CHARLS 数据进行了实证研究，他们认为房价影响了中老年人及其已婚子女形成新家庭的最优居住安排，住得较近既可方便代际转移又可照顾代际隐私，而高房价更多

① Flavin, Marjorie and Takashi Yamashita. Owner-occupied housing and the composition of the household portfolio[J]. American Economic Review, 2002, 92(1): 345-362; Flavin, Marjorie and Takashi Yamashita. Owner-occupied housing: Life-cycle implications for the household portfolio[J]. American Economic Review, 2011, 101(3): 609-614.

② 吴卫星，齐天翔 . 流动性、生命周期与投资组合相异性——中国投资者行为调查实证分析 [J]. 经济研究，2007（2）.

③ 吴卫星，吕学梁 . 中国城镇家庭资产配置及国际比较——基于微观数据的分析 [J]. 国际金融研究，2013（10）.

④ 路晓蒙，尹志超，张渝 . 住房、负债与家庭股市参与——基于 CHFS 的实证研究 [J]. 南方经济，2019（4）.

⑤ Dettling, Lisa J. and Melissa S. Kearney. House prices and birth rates: The impact of the real estate market on the decision to have a baby[J]. Journal of Public Economics, 2014(110): 82-100.

地使已婚子女与中老年人合住[①]，这也会对我国未来的养老问题产生深远的影响。

中国的保险产品及其对家庭资产配置的影响

我国的医疗保险、养老保险等保险市场的发展尚不完善，家庭普及度仍然较低。魏华林和杨霞（2007）指出，保险功能的认识偏差、保险行业的信任度不高、保险产品的重复供给等均导致了中国家庭不愿买、不敢买、买不到其想购买的保险产品[②]。

一、医疗保险对家庭资产选择的影响

学者们认为医疗保险可以通过降低预防性储蓄增加家庭对于风险资产的选择。何兴强等（2009）运用奥尔多投资咨询中心2006年的“投资者行为调查”数据进行了实证研究，发现医疗社保或商业健康保险降低了居民未来的健康风险，显著提高了居民的投资概率[③]。周钦等（2015）分析了2002年的CHIPS数据，发现医疗保险会显著改变城市和农村家庭的资产选择，参保家庭更加偏好较高风险水平的资产[④]。Qiu（2016）分析了美国消费者金融调查（Survey of Consumer Finance，SCF）和健康与养老调查（Health and Retirement Survey，HRS）数据，发现拥有医疗保险的家庭更倾向于投资股票

① 吴伟，周钦．房价与中老年人居住安排——基于CHARLS两期面板数据的实证分析[J]．财经科学，2019（12）．

② 魏华林，杨霞．家庭金融资产与保险消费需求相关问题研究[J]．金融研究，2007（10）．

③ 何兴强，史卫，周开国．背景风险与居民风险金融资产投资[J]．经济研究，2009（12）．

④ 周钦，袁燕，臧文斌．医疗保险对中国城市和农村家庭资产选择的影响研究[J]．经济学（季刊），2015（3）．

市场[①]。Zhou et al.（2017）对 2002 年的 CHIPS 数据进行了研究，发现家庭医疗保险覆盖率的提升促使我国居民更多地选择风险资产进行投资[②]。

二、养老保险对家庭资产选择的影响

学者们认为养老保险可以通过有效降低未来的不确定性来提高家庭对于风险资产的持有。宗庆庆等（2015）基于 CHFS 数据指出，拥有社会养老保险会显著提高家庭持有风险金融资产的可能性和风险金融资产的比重[③]。林靖等（2017）构建了两期家庭最优决策模型，认为社会保险不仅能够提高家庭在风险资产中的投资广度和深度，而且对于不确定性更大、风险承受力更强家庭的影响更为显著[④]。卢亚娟等（2019）基于 2015 年的 CHFS 数据认为，参加社会养老保险能够提高家庭对金融资产的持有量，且这种现象在区域和城乡两个维度存在显著的异质性[⑤]。

简要评述

第一，国内研究家庭资产配置的文献对于年龄层面的挖掘还不够深入，例如我国不同年龄组家庭的财富和收入水平的比较分析，健康状况和医疗支出随年龄变动的不确定性分析等，本书将针对年龄因素进行深入挖掘。

---

① Qiu, Jiaping. Precautionary saving and health insurance: A portfolio choice perspective[J]. Frontiers of Economics in China, 2016, 11(2): 232–264.

② Zhou, Qin, Kisalaya Basu, and Yan Yuan. Does health insurance coverage influence household financial portfolios? A case study in urban China[J]. Frontiers of Economics in China, 2017, 12(1): 94–112.

③ 宗庆庆，刘冲，周亚虹 . 社会养老保险与我国居民家庭风险金融资产投资——来自中国家庭金融调查（CHFS）的证据 [J]. 金融研究，2015（10）.

④ 林靖，周铭山，董志勇 . 社会保险与家庭金融风险资产投资 [J]. 管理科学学报，2017（2）.

⑤ 卢亚娟，张雯涵，孟丹丹 . 社会养老保险对家庭金融资产配置的影响研究 [J]. 保险研究，2019（12）.

第二，已有文献中研究房价变动影响机制的文章主要集中于居民储蓄率、居民消费、家庭资产配置和家庭行为模式这四个领域，研究房价变动对我国老年人健康状况影响的文献还相对匮乏，本书将沿着这一方向进行研究。

第三，目前欧美发达国家和地区对于“以房养老”的实践和研究已经相对成熟，但由于各国在国情、社会观念等方面存在着不同，中国的“以房养老”模式不能完全遵照他国的经验。国内文献对于“以房养老”模式的研究主要集中于参与意愿因素和政策可行性分析，对于“以房养老”模式在我国的影响和其本身传导机制的分析还相对匮乏，本书将从这一角度进行分析。

第四，已有国内外文献仅仅考虑了个体基于自身的健康状况进行消费和资产配置，没有考虑到家庭和婚姻对于个体最优化选择的影响，本书将从这个角度出发，考虑夫妻参照双方的健康和生存状况进行消费和家庭资产优化配置的情形。

第五，国内外文献中研究健康和家庭资产配置的文章对于保险产品的研究还相对匮乏，养老保险、公积金、职业年金、失业保险、人身保险、医疗保险等产品在我国还相对较新，对于这些产品的研究还不够透彻，本书将在这方面进行更为系统的研究。

第三章

“以房养老”的国际模式

“以房养老”又称“住房反向抵押贷款”（Reverse Mortgage Loan，RML）或者“倒按揭”，是指拥有房产的老年人将自己的房屋产权抵押给保险公司或金融机构，后者根据房屋的价值、老年人的预期寿命等因素按月或按年给老年人支付一定金额的现金，老年人去世后房产归保险公司或金融机构所有，可以将其出租、售卖，甚至拍卖。“以房养老”作为一种金融创新，其核心是利用老年人及其住房生命周期的差异，对老年人拥有的房产资源，尤其是其死亡后住房的余存价值，通过一定的金融或非金融机制的手段提前套现或变现。“以房养老”将非流动资产房产通过反向抵押的方式赋予流动性，为老年人在其余存生命期间建立起一笔长期、持续、稳定且能够延续终生的现金流入，对于全社会养老意义重大。

“以房养老”的起源——荷兰模式

“以房养老”模式起源于荷兰。在荷兰，住房反向抵押养老一开始是年轻人与老年人之间签订的协议，年轻人购买老年人的房产，但产权和使用权并不立即变更，老年人在身故之前有权继续居住在房屋中，待老年人去世，其继承人可以选择赎回住房，如果老年人的继承人放弃赎回房产，支付了老年人养老费用的一方可以取得房产。

“以房养老”的发展——美国模式

20世纪60年代，美国开始出现“以房养老”模式，“以房养老”模式最为典型的“住房反向抵押贷款”模式是20世纪80年代中期美国新泽西州劳瑞山的一家银行首度提出的。此模式与荷兰最初实行的“以房养老”模式的不同之处在于，美国的“住房反向抵押贷款”可以借贷的种类较为丰富，如定期年金、分期递增年金等，且贷款的利率可以分为固定利率和依照基准利率的浮动利率两种。然而，鉴于住房反向抵押涉及贷款金额较大、借贷双方金融风险和违约风险较高及法律监管缺失等原因，“以房养老”模式在美国的初期发展较为缓慢，并未迅速得到推广。

随着人口老龄化浪潮的来临和移民政策种种弊端的显现，美国的社会养老负担不断加重，美国政府开始推进“以房养老”模式。1988年2月，作为1987年首次颁布的《住房和社区发展法案》（*Housing and Community Development Act*，HCDA）的一部分，里根总统于1988年2月签署了由联邦住房管理局（FHA）承保的住房反向抵押贷款（Home Equity Conversion Mortgage，HECM），并对HECM进行了详细规定，HECM由美国住房和城市发展部（HUD）设计。1989年，James B. Nutter & Company向堪萨斯州的Marjorie Mason提供了第一份住房反向抵押贷款。住房反向抵押贷款的对象是老年人，这一群体的抗风险能力较差，而养老本身又兼具福利性质，并非单纯的商业逐利行为，因而美国金融机构发放的住房反向抵押贷款由联邦住房管理局进行担保，对金融机构的种类并不进行特别限制，只要具备相应条件的金融机构皆可申请经营“以房养老”业务，从而大幅增加了从事“以房养老”业务的金融机构数量。21世纪初，美国“以房养老”模式快速在全国推行，可以发放住房反向抵押贷款的金融机构数量快速增长，“以房养老”业务的竞争力不断增强。如今，住房反向抵押贷款模式在美国已经发展得较为完善，这种模式的放贷对象是 62 岁及以上的老年人。在美国，房产价值越高的老年人可抵押贷款的数额越高，同时年龄越大的老年人可贷单笔现金流越大，且夫妻健在住户比单身者可贷款的数额低，这是因为夫妻组合预期寿命高于单身者的预期寿命。同样，通过抵押贷款得到的养老金可以选择一次性全部拿走，也可以选择像退休金那样按月领取，与其他贷款类似，不同的方式和年限对应不同的额度。

现阶段，美国最受欢迎的住房反向抵押贷款由从属于美国住房和城市发展部的联邦住房管理局管理，与此相对应的是，从事住房反向抵押贷款业务的私营机构在逐年萎缩。为了在反向抵押贷款到期时保护贷方免于抵押品即房产价格下降的风险，美国国会于 1987 年制定了房屋净值转换计划。美国政府管理的住房反向抵押贷款称为房屋净值转换抵押贷款，该计划得到了美国政府的支持。根据 HECM，贷款机构从联邦住房管理局购买保险以应对房价下跌造成的资金短缺风险。根据 Shan（2011），房屋净值转换抵押贷款可以占美国市场所有住房反向抵押贷款的 90% 以上[①]。

近年来，拥有住房反向抵押贷款的美国老年人家庭数量一直在快速飙升，美国的住房反向抵押贷款在 2005 年以前受到一定限制。美国住房调查（AHS）的数据显示，2001 年符合条件的拥有住房反向抵押贷款的老年房主占比约为 0.2%。然而，从 2001 年起，拥有住房抵押贷款的房主比例迅速攀升，到 2011 年已经达到 2.1%。如果考虑到 2001—2011 年美国房地产市场的低迷，其他的抵押贷款占比基本没有发生变化，住房反向抵押贷款的持有率快速上升就更具含义。此外，虽然占比较小，但是由于美国老年房主房产的基数非常惊人，所以住房反向抵押贷款的市场规模并不小。随着美国人口老龄化问题的日趋严重，住房反向抵押贷款的市场规模势必

① Shan, Hui. Reversing the trend: The recent expansion of the reverse mortgage market[J]. Real Estate Economics, 2011, 39(4): 743–768.

进一步扩大。

除潜在的高成本以外，实证文献还提出了几个维度的因素以解释住房反向抵押贷款在欧美市场的需求低迷，如老年人的金融知识不足和对于住房抵押贷款产品的了解欠缺等。很多住房反向抵押贷款的借款人并不清楚嵌入 RML 中的借款人房屋看跌期权的重要价值，事实上看跌期权可以保护借款人免受房价波动的影响。住房反向抵押贷款需求低的另一个原因是，老年人害怕失去自己的住房而变得无家可归，这来源于他们对于 RML 模式运作的不熟悉和误解。根据意大利的家庭调查数据，Fornero et al.（2016）发现，家庭成员较丰富的金融知识与较低的住房反向抵押贷款利息相关，这可能是因为受教育程度高的老年人为退休做了更好的准备。然而，在荷兰和意大利的金融市场，住房反向抵押贷款也如同在中国一样没有得到普及，这些国家的公众对该产品的了解极为有限[①]。此外，美国 HECM 市场的一个重要特点是，该产品主要通过电视和媒体广告进行营销，而产品的分销则主要通过呼叫中心或经纪人完成，而不是通过银行和社区金融机构。从这个意义上说，这是一个产品的有关信息很难进行传播的独特市场，甚至对于产品信息的获取和解读也可能对老年人构成非常大的挑战。由于住房反向抵押贷款针对的是老年人，与年龄相关的认知能力的下降可能会负向影响他们做出正确财务决策的能力，美国强制所有老年借款人在签订 HECM 合同之前参加 RML 的咨询会。这一事实表明，政府同样认为老年人作为目标借款人的金融知识储备不足。

住房反向抵押贷款与传统住房抵押贷款的不同主要体现在六个方面。第一，顾名思义，住房反向抵押贷款的运作方式与传统抵押贷款相反。反

① Fornero, Elsa, Mariacristina Rossi, and Maria Cesira Urzì Brancati. Explaining why, right or wrong, (Italian) households do not like reverse mortgages[J]. Journal of Pension Economics & Finance, 2016, 15(2): 180–202.

向抵押贷款的房主无须支付利息和本金从而积累房屋净值，反向抵押使房主可以兑现他们已经积累的房屋净值。第二，联邦政府管理的住房反向抵押贷款与传统抵押贷款对于借款人的要求不同。这类抵押贷款仅适用于62岁及以上的有房且夫妻中至少一人居住于自己住房中的老年人。对于有超过一个成年人共同借款的家庭，借款人的年龄被指定为家庭中最为年轻的借款人。另外，有资格获得住房反向抵押贷款的房产必须满足以下条件：（1）单户住宅，（2）一到四单元住宅中的一个单元，（3）经由美国住房和城市发展部批准的共管公寓，（4）符合FHA要求的预制房屋。值得一提的是，美国法律禁止任何形式的住房反向抵押贷款申请歧视，如果老年人认为其因种族、宗教、性别、婚姻状况、接收公共援助、国籍、身体状况或年龄而遭受歧视，可以向美国消费者金融保障局（Consumer Financial Protection Bureau，CFPB）或住房和城市发展部申诉。此外，借款人在进行反向抵押贷款时必须已经全部偿清其之前的所有抵押贷款。反向抵押贷款对于借款人的收入或信用记录没有要求，这是因为该抵押贷款的还款并非基于借款人的收入，而是借款人反向抵押的房产价值。Caplin（2002）认为，反向抵押贷款对于老年房主非常有利，因为他们中的许多人可能由于贷款的收入要求而无法获得申请传统抵押贷款的资格[①]。第三，住房反向抵押贷款的借款人必须向由HUD批准的贷款顾问咨询后方有资格申请住房反向抵押贷款。如此规定是为确保年长的借款人在获得反向抵押贷款之前充分了解他们获得的贷款类型以及其潜在的具体替代方案。第四，没有预先确定的到期日或逐步还款时间表，只有当所有借款人均搬出房屋或死亡时，借款人才需要偿还借款。换言之，只要有至少一个借款人（反向贷款共同签署人）继续居住在房子中，借款人就不需要偿还贷款的任何额度。最终，

---

① Caplin, Andrew. Turning assets into cash：Problems and prospects in the reverse mortgage market[M]//Innovations in Retirement Financing. Philadelphia: University of Pennsylvania Press, 2002.

贷款从出售房产的收益中一次性清偿。第五，住房反向抵押贷款是无追索权的，即借款人（或其继承人）可以选择让反向抵押贷款贷方出售其抵押房屋或通过偿还全部贷款进行清偿（大多数的借款人选择前者），如果房屋的销售价值大于贷款总额和各项贷款成本的加总值，借款人（或其继承人）将获得剩余价值；而在相反的情况下，即房屋市场价值小于贷款的总成本，借款人无须向反向抵押贷款的贷方支付任何差额，因而借款人在获得住房反向抵押贷款的同时也为其房价下跌的风险进行了投保。事实上，这部分差额并非由住房反向抵押贷款的贷方承担，因为房价下跌的损失已经由政府保险承保，而保费已经包含在 HECM 的贷款成本结构中。第六，借款人总共有五种从反向抵押贷款的贷方接收付款的具体方式，这些方式在贷款期限内可以以非常小的成本进行随意转换。第一种选择是终身反向抵押贷款，即借款人每月获得固定金额的支付，直到居住在抵押房屋中的借款人全部死亡或搬离。第二种选择为固定期限反向抵押贷款，即借款人仅在一个固定的期限内收到固定的现金流支付。第三种选择为给予借款人一定的授信额度，即允许借款人在预先确定的一段时期内，在一定限额下自由提款。最后两种方式则是在第三种授信额度的终身和期限条款中分别加入可变终身和可变期限选项，从而在某种程度上提高反向抵押贷款支付方式的灵活度。在上述五种支付选择中，第三种授信额度是目前最受老年人欢迎的支付方式。据 HUD 统计，68% 的老年人在参保住房反向抵押贷款时会选择授信额度的方式，另有 20% 的老年人会选择加入可变终身或可变期限选项的授信额度付款方式。老年人选择参保住房反向抵押贷款主要是为了灵活地从之前积累的房屋净值中提取资金来满足随时可能产生的对于日常生活和医疗的不确定支出。

那么，在美国，老年人可以通过住房反向抵押贷款借到多少钱呢？借钱的主要凭据是房屋的评估价值，但联邦政府对于住房反向抵押贷款也有一定的限额。目前美国大多数州的限制额度为625500美元[①]。房屋的评估价值和联邦限额的较低者即为最高抵押额（Maximum Claim Amount，MCA）。事实上，反向抵押贷款的借款人无法获得最高抵押额的全部，因为贷方还需要从房屋的价值中扣除利息及非利息的贷款成本。此外，如果借款人有尚未偿还的抵押贷款，部分反向抵押贷款将被用于偿还借款人尚未偿还的抵押贷款。非利息成本包含反向抵押贷款的发起费、结算成本、保险费及贷款服务费等。保险费多少取决于房屋的价值以及借款人在该房屋中居住的时间。更具体地说，保险费最初为房屋评估价值的0.5%（如果房屋价值超过联邦限额，则为联邦限额的0.5%）[②]，每年的保险费为贷款余额的1.25%[③]。FHA具体通过两种方式为贷方提供房产损失保险：第一，如果贷款余额在贷款有效期内达到初始最高抵押额的98%，则FHA必须从贷方处购买该反向抵押贷款；第二，在反向抵押贷款终止时，FHA将补偿借款人尚未偿还的贷款余额与扣除销售成本后的房屋评估转售价值之间的差额。反向抵押贷款保险费的设计使其足以弥补未来贷方可能产生的贷款损失。

值得注意的是，住房反向抵押贷款中嵌入的看跌期权在两种情况下对借款人可能具有非常高的价值：第一，在经历过房价大幅下跌的亚利桑那、佛罗里达等州，老年借款人甚至认为将来还会有50%的可能性发生严重的房价崩盘，因而即便20世纪中期以来房价经历了快速上涨，借款人认为看跌期权仍具有不可估量的价值；第二，在得克萨斯、俄克拉荷马等州，房价在历史上的上升非常缓慢，这使利率与房产增值率之间出现了

① 该限额在2009年从417000美元上调至625500美元。

② FHA在反向抵押贷款开始之日收取的溢价一开始为最高抵押额的2%，后降至最高抵押额的0.5%。

③ 抵押贷款的保险年费2010年10月从0.5%提高至1.25%，而抵押贷款的贷方会将FHA的保险费转嫁给老年借款人。

很大差值。举例来说，在一个实际房价不增长的房地产市场，在给定 2006 年的贷款条件和利率不变的情况下，一位 65 岁的借款人和一位更为年长的妻子或丈夫会在 12 年内实现 HECM 嵌入式看跌期权的价值。在医疗条件和预期寿命大幅提高的当代，12 年对于老年人来说也并非很长，此时 HECM 的贷方不仅需要考虑房价波动的风险，还需要考虑老年借款人的长寿风险。在我国，房地产市场还较为年轻，房价尤其是大中城市的房价总体呈现上涨趋势，虽然近些年受到新冠疫情、城镇化和生育率下降的影响，小城市和县城的房价有所下降，但总体上来说幅度可控。换言之，我国的房地产市场尚未发生过如美国、日本那样的房价断崖式下跌，加之有政府对于房地产市场的管控和稳增长政策，民众和专家学者对于我国尤其是大城市的房价普遍看好，认为其不会出现大幅下降。在这种情况下，我国的老年人由于缺乏房地产市场泡沫破裂、房价腰斩的经历，在很多地方房价的增长率远高于无风险利率，老年人很难意识到住房反向抵押贷款中嵌入的看跌期权的真正价值，这也在一定程度上弱化了我国老年人对于住房反向抵押贷款的需求。

利息成本取决于利率、贷款金额及借款人在房屋中居住的时间。利率可以是固定的，也可以是变化的。在可变利率的情形下，借款利率参考利率和抵押贷款方收取的保证金之和，反向抵押贷款通常对于利率在每年或整个贷款存续期内的上涨幅度设有上限。初始本金限额（Initial Principal Limit，IPL）是本金限额因子（Principal Limit Factor，PLF）与最高抵押额的乘积。PLF 同时是借款人年龄的增函数和现行的 10 年期国债或 LIBOR 指数的减函数。如果借款人是一对夫妻，计算 PLF 时使用的年龄是年轻一方的年龄，而老年人的性别及婚姻状况不会影响 PLF 的计算。信贷额度的提取，包括融资后的成本结算，均基于 1 年期国债或 LIBOR 指数复利。反向抵押中最受欢迎的信贷额度也只允许在期限内进行不高于初始利率 10%

的利率调整。到2006年,1年期国债是最为常用的指数，利差通常为2%(反映了贷方1.5%的保证金和FHA0.5%的抵押贷款保险费)。2007—2010年，由于美国房地产市场的次贷危机，FHA的保险费上升至1.25%，贷方的保证金上升至2.5%，因而PLF大幅降低。在住房反向抵押贷款合同到期之前，借款人不需要进行任何偿付。当然，借款人也可以进行提前偿付，但很少有老年借款人选择提前清偿。住房反向抵押贷款合同签订之后，贷方必须迅速响应借款请求，以便借款人在死亡或搬离前有足够的时间提取所有剩余的信贷额度。贷方根据借款人签订反向抵押贷款合同时的年龄和预期寿命计算出在利率给定的情况下借款人家庭立即借款的最大借款额度，以及贷款在其整个存续期间累积的利息和其他成本总和。初始本金限额的计算要求贷款总额考虑这部分抵押贷款预期成本依旧不超过房屋的评估价值，同时贷方还需要通过从IPL中减去各项前期成本来计算净本金限额。

综上所述，IPL越大、房屋价值越大、未偿还抵押贷款余额越低、借款人年龄越大，住房反向抵押贷款的利率越低。根据Shan（2011），在美国，近些年房主依旧可以使用住房反向抵押贷款来借入房屋评估价值60%至70%的贷款[①]。2013年10月,HUD对住房反向抵押贷款政策进行了改革，主要是收紧了借款限额，同时改变了前期保险的成本结构，降低了初始余额较低的借款人的保险费用，同时结构性增加了其他借款人的保险费用。

然而，从美国的最新文献可以发现，即使是在住房反向抵押贷款应用最为广泛的美国，其受众也相对有限。Nakajima和Telyukova(2017)指出，尽管“以房养老”模式对缓解老年人的财务压力和医疗负担有明显的积极作用，但2013年仅有1.9%的老年房主选择住房反向抵押贷款，这一指标

① Shan, Hui. Reversing the trend: The recent expansion of the reverse mortgage market[J]. Real Estate Economics, 2011, 39(4): 743–768.

略低于2011年的历史最高水平2.1%[①]。Nakajima和Telyukova（2017）发现，使用住房反向抵押贷款的美国退休老年人往往收入和财富水平偏低，健康状况较差，且使用住房反向抵押贷款的借款人主要是为了有足够的现金流负担一般性的消费支出或某些特定情况下的大额医疗支出。虽然住房反向抵押贷款的总吸纳率较低，但在最低收入1/5人群中的吸纳率是总人群吸纳率的两倍多，而在90岁及以上的低收入家庭中的吸纳率是总吸纳率的四倍。Nakajima和Telyukova（2017）还指出，抑制美国老年家庭选择“以房养老”模式的最主要因素是遗赠动机，遗赠动机不仅抑制了美国老年家庭对于住房反向抵押贷款的需求，同时改变了房主选择住房反向抵押贷款的方式。具体而言，在没有遗赠意愿（孤寡老人家庭）的情况下，即使没有因医疗费用冲击而被迫反向抵押房产，退休老年人选择住房反向抵押贷款的可能性也比有遗赠动机的情形高17倍以上，且绝大多数通过房产反向抵押贷到的现金流被用于非医疗消费。

在住房反向抵押贷款的合同制定方面，Nakajima和Telyukova（2017）发现，消除贷款的前期成本可以使美国老年人对于住房反向抵押贷款的需求增加三倍以上。此外，住房反向抵押贷款在美国属于无追索权贷款，这意味着如果抵押房产的价值在贷款期限内低于贷款的价值，贷方无法收回超过抵押品的价值。这种现象其实在美国较为常见，很多老年家庭选择每月固定的现金流入，而当老年人的实际寿命大幅长于预期寿命时，贷方每月固定支付的现金流累计已大幅超过抵押房产的价值，但保险公司等金融机构仍需要在老年人身故前不间断支付固定养老费用，这种风险被称作“长寿风险”。值得注意的是，Nakajima和Telyukova（2017）发现，美国的退休老年人并不重视无追索权这一住房反向抵押贷款的保险组成部分，这

---

① Nakajima, Makoto and Irina A. Telyukova. Reverse mortgage loans: A quantitative analysis[J]. The Journal of Finance, 2017, 72(2): 911-950.

主要缘于每月的现金流相对较低且政府可以为穷人提供免费医疗等。如果将住房反向抵押贷款设计为追索贷款，即老年人无权得到高于其房屋价值的现金流，这将从贷款成本中大幅降低保险费用，从而使老年人对于住房反向抵押贷款的需求提高至少三倍。

此外，“以房养老”模式难以避免地受到房价波动的影响。以美国2007—2009年的次贷危机为例，它可能在短期内和长期内以不同的方式影响住房反向抵押贷款市场。国际金融危机带来的经济衰退使退休老年人的住房和金融资产显著下降，因而在短期内，总的住房反向抵押贷款吸纳率可能会随抵押品价值的下降而下降。然而，经济衰退对于收入和财富分配的影响是异质的，这意味着对于衰退的抵抗能力最弱的房主，即80岁或90岁属于收入最低的1/5的人群可能不得不越来越多地依赖住房反向抵押贷款来为他们的日常生活和医疗开支提供现金流。Nakajima和Telyukova（2017）的模型预测，次贷危机会导致这部分人对住房反向抵押贷款的需求增加三倍，而这同样引出了在政府持有的住房反向抵押贷款投资组合的潜在风险不断攀升与为最需要养老保障的老年人提供依靠房产反向抵押带来的现金流之间的重要政策权衡。从长远来看，国际金融危机的一个重要影响将是使老年人退休时的累计收入降低，这可能缘于生命周期早期受到经济衰退影响而引发的就业不足。由于老年人退休时的累计收入降低，其对住房反向抵押贷款的需求将在收入和年龄分布中有所增加。

例如，在最近价格周期波动接近峰值的2006年，一位年龄65岁的老年人及其更为年长的配偶可以获得初始限额为其房屋价值60%的信贷额度，而贷款成本可能低于其房屋价值的6%。假设他们中的一人或两人将在所抵押房产中再居住整整20年，且他们房产的实际价值在这20年间保持不变，同时HECM信贷额度的实际利率保持在4%上下，每月复利。这种情况下，如果他们在2006年获得了HECM的信用额度，但选择直到他们离开房屋之前才履行权利，那么在 20 年后，他们获得的信用额度与房屋原本价值的比率大约为 1.33。这意味着，这对夫妇在离开他们的房屋前可以从 HECM 提取到相当于其房屋价值 1.33 倍的信用额度，而他们所需支付的还款金额仅为其房屋的净值。考虑到在房屋销售过程中还会产生房屋价值 5% 的销售成本，因而 HECM 将有效地为老年人提供一个在 20 年内支付房屋价值 38% 的看跌期权，如果用贷款利率折现意味着这是一个看跌价值为房屋初始价值 15% 的期权，这一价值远高于典型的看跌期权价值。显然，对于这对夫妇来说 HECM 似乎不是一个“高成本”的产品，如果按贷款利率借款的权利具有价值，那么看跌期权的净现值一定低估了 HECM 的福利收益。

完全竞争的反向抵押贷款市场可能会使嵌入式看跌期权对借款人的净现值为零，甚至有时会因为与有限责任相关的合同摩擦的存在而使看跌期权的净现值低于零。然而，HECM 的信贷条款由美国住房和城市发展部下属的政府机构 FHA 制定，FHA 干预反向抵押贷款市场的政策目标是帮助低收入的老年房主实现居家养老。FHA 充当所有 HECM 的抵押保险人并对贷款进行定价。FHA 旨在设定没有补贴的担保条款，但并未尝试对周期性风险进行定价，且所定价格几乎没有考虑区域差异，同时给定年龄的单身男性与同样年龄的单身女性或夫妻中一方为该年龄但另一方更为年长的家庭享受同样的信贷权益。这些拥有同样信贷权益的借款人可能由于价格、利率和居住期限的不同联合分布而面临迥然不同的看跌价值。这种情况导致即便看跌期权的平均价格低于合理定价的价格，但在某些市场和特定时期，对于某些借款人而言，该价格可能高于合理定价的价格。事实上，很多 HECM 合同签订于 2006 年的房价峰值前后，随后由于美国次贷危机，房价出现了暴跌。因此，很多老年借款人自动持有了极具价值的看跌期权。与 2014 年联邦预算项目相关的估计表明，自成立以来，考虑到过去和预期未来的担保收入和支出,HECM业务已经使FHA损失了数十亿美元。

虽然HECM的需求量在房价自周期峰值的2006年以来大幅下跌的市场中相对较大，但HECM合同在美国所有地区相对于有资格申请HECM的老年家庭的签订比例很低。在美国所有住房市场中，绝大多数老年房主在房价的周期峰值前后都没有申请过HECM，这背后的原因主要有三个方面。首先，看跌期权和信用额度的组合可能在老年人风险厌恶的生命周期优化选择中缺乏吸引力。老年人通常的遗赠和预防性储蓄动机会降低信用额度的价值，但会增加看跌期权的价值。但是，如果老年人因为突发疾病或残疾无法自理而不得不离开抵押住房，看跌期权的贴现率可能就会大幅缩水。如果借款人更愿意以贷款利率储蓄而非借款，那么他们在申请贷款时就要对借款成本和可能突然失去的看跌价值进行权衡。其次，由于各种行为经济学的原因，老年借款人可能无法对嵌入式看跌期权的价值做出正确的判断，老年房主受到其自身金融知识的限制，可能无法对房价的未来波动情况做出正确的判断，毕竟房价的看跌期权在房价持续性走高的市场中是不具有任何价值的。换言之，即便老年人知道要在房价达到峰值时签订HECM合同，他们也很难判断房价何时会达到峰值，是否已经达到峰值。最后，医疗补助（Medic Aid）是美国一项重要的医疗支出保险，恰恰适用于房产价值相对较高、现金较为匮乏的HECM目标人群。美国的医疗补助对持有较高比例房产的人群比较有利，因为该补助在发放前要对目标人群进行经济状况排查，但这种经济状况排查会将房产排除在外。如果老年人在去由政府医疗补助资助的疗养院居住之前获得现金收益，这部分收益将被收回。为避免由此带来的损失，老年人可能会选择尽早使用信用额度。如果居住在由医疗补助资助的疗养院中的老年人幸存，他们通常可以返回自己的家中，但长时间在疗养院的居住可能会触发HECM的终止条款，终使他们无家可归。另外，一些州在借款人搬离或死亡后对其房屋销售收益设置了留置权，留置权可能会将房屋的价值推至零，从而大幅提高看跌期权的价值。

目前，“以房养老”模式的实证研究仍较为匮乏，像消费者财务调查（Survey of Consumer Finances，SCF）或健康与退休调查（Health and Retirement Study，HRS）这样的大型家户调查都未能包含反向抵押贷款持有量的信息。美国住房反向抵押贷款的相关数据仅可从住房和城市发展部获得。

美国的住房金融体系

美国的政府担保企业模式具有依托市场化运作为主、政府担保为辅的特点，主要由三部分构成：一级市场，即借款人与提供贷款的金融机构、相关组织直接进行交易的市场，主要由美国联邦住房贷款银行、联邦住房管理局、退伍军人管理局共同构成；二级市场，即金融机构或组织将住房抵押贷款证券化后出售给投资者的市场，主要由房利美（联邦国家抵押贷款协会）、房地美（联邦住房贷款抵押公司）和全国抵押贷款协会共同构成；住房金融市场监管，即对美国的住房贷款、抵押贷款证券进行监管的部门。

一、住房金融一级市场

（一）美国联邦住房贷款银行

美国于1932年颁布《联邦家庭贷款银行法》，在全国设立了12家联邦住房贷款银行（Federal Home Loan Bank，FHLB）。这些银行采用会员制，有住房贷款业务的银行或其他金融机构都可以自愿申请入股成为其会员。虽然美国政府并未向这些银行提供明确的担保，但作为政府资助企业，这些银行与美国政府保持着紧密联系，当它们遇到融资问题时，美国政府可能会对其进行一定的资助或政策帮扶。因而，各类评级机构通常都对 FHLB 的债券或票据给予较高等级的评级。政府的担保在很大程度上降低了联邦住房贷款银行的风险，低风险使这些银行可以以非常低的成本融资，从而在一级市场上增加住房抵押贷款的资金供给，同时降低住房筹资成本。除联邦住房贷款银行外，联邦政府还设立了联邦住房管理局、退伍军人管理局（VA）和全国抵押贷款协会（GNMA）。

（二）美国联邦住房管理局——“以房养老”模式的担保机构

美国联邦住房管理局是向由其批准的贷方提供抵押贷款保险的保险机构，是世界上最大的抵押贷款保险机构之一，在美国的“以房养老”模式中发挥着重要作用。FHA 于 1934 年由美国政府批准成立，旨在帮助刺激美国房地产市场。美国经济大萧条期间，银行纷纷破产。这使住房贷款总额大幅下降，住房拥有率大幅缩减，同时违约率和止赎率大幅飙升。由于贷款份额被限制在房产市场价值的 50% 以内，且许多购房者难以满足抵押贷款条款（包括短期内的大额资金偿付），因此在大萧条期间，美国主要是一个租房国——仅有 1/10 的家庭拥有自己的住房。为改善美国居民的住房条件，减少家庭住房抵押贷款的止赎率，帮助联邦银行系统进行重组，1934 年美国国会颁布了《国家住房法》，该法案创建了联邦储蓄和贷款保险公司（Federal Savings and Loan Insurance Corp.，FSLIC），这一政府机构的职能后来被联邦存款保险公司（Federal Deposit Insurance Corp.，FDIC）和美国联邦住房管理局分担。该法案直接引发了后来美国房地产市场的复苏和繁荣，在很大程度上使新建房屋数量和住房抵押贷款的金额得到增长。1938 年，购房者仅需支付购买价格 10% 的首付即可购买房屋，剩下的 90% 由 25 年期、自行摊销、由 FHA 承保的抵押贷款提供资金。“二战”后，联邦住房管理局帮助退伍军人及其家属购买了大量单户和多户住宅。20 世纪50年代、60年代和70年代，FHA帮助老年人、残疾人和低收入美国家庭建造了数百万套私人公寓住房。当70年代物价飙升引发的通货膨胀和石油危机引发的能源危机威胁到数以千计的美国私人公寓住宅时，FHA通过紧急融资使资金紧张的房主能够不失去其房产。到80年代，当美国经济发展水平不再支持房屋拥有率继续增加时，FHA帮助政府稳定了下跌的房价，使潜在的房主能够在私人抵押贷款保险公司退出美国主要的原油产出州时依旧得到住房抵押贷款支持。联邦住房管理局的影响在少数族裔中更为显著，FHA以更高的比例向非裔美国人和西班牙裔美国人以及年轻的信贷受限的购房者提供FHA贷款，这有助于增加这些群体的房屋拥有率。同时，FHA近一半的大都市区业务位于中心城市，这一比例远高于传统住房抵押贷款。随着美国资本市场数十年的发展，FHA对于住房抵押贷款市场的影响逐渐减弱。2006年，FHA贷款占美国住房抵押贷款的份额不到3%。然而这一份额在次贷危机后有显著提升，2019年，FHA担保的住房抵押贷款金额占所有单户住宅抵押贷款金额的11.41%，同年FHA投保的单户住房抵押贷款中有82.84%是针对首次购房者的。总体而言，少数族裔借款人在FHA投保的住房抵押贷款人中占36.24%，而通过传统抵押贷款渠道获得住房贷款的借款人中少数族裔的占比仅为19.94%。

美国联邦住房管理局于1965年并入美国住房和城市发展部。FHA的运营资金来自抵押保险费（Mortgage Insurance Premiums，MIPs）的收入，与传统贷方（例如商业银行）相比，FHA的贷款允许更低的首付最低限额和购房者更低的信用评分，这就为成千上万原本无法获得抵押贷款资格的美国人创造了买房的可能性。抵押贷款保险可以保护贷方免受抵押贷款违约所造成的损失，因此如果借款人确实违约，FHA需要向抵押贷款的贷方进行偿付。FHA的理念是，如果向贷方提供保险，将会使更多人有资格获得抵押贷款来购买房屋。具体而言，大多数FHA的抵押贷款对于首付的要求非常低——可低至3.5%。这意味着抵押贷款的份额可以达到96.5%。经批准的FHA贷方还可以向信用评分低于大多数传统贷款机构的人提供贷款。相对较低的抵押贷款要求使FHA贷款广受首次购房者的欢迎，当然FHA贷款的借款人还必须购买抵押贷款保险，这些支付给FHA的保费主要用于借款人违约时向贷方进行清偿。即当借款人停止清偿抵押贷款时，贷方可以向FHA提出索赔，该机构使用其先前收集的上述抵押贷款保险向抵押贷款公司支付贷款的余额。对于借款的违约保险为风险厌恶的贷方向借款人提供更大金额的贷款提供了可能。值得注意的是，即便是FHA贷款，对于借款人的贷款额也是有限制的，而此限制主要依据借款人的居住地设定——低贷款成本的地区贷款限额通常较低，高贷款成本的地区贷款限额通常较高。

联邦住房管理局的成立成功地扩大了美国房地产市场的规模，使美国的住房拥有率从19世纪30年代的40%上升至2005年的接近69%，而这也接近美国房地产泡沫顶峰时的拥有率。FHA通过住房抵押贷款刺激了美国经济的增长，FHA在确保贷方受到保护的前提下为借款人争取到更多的贷款资金，然而FHA在美国也存在很多的争议。FHA贷款的借款人需要支付前期和年度的抵押贷款保险费。一些学者认为，如果购房者符合贷款条件，使用传统的抵押贷款可能更为划算，因为传统抵押贷款的贷方所提供的私人抵押贷款保险（Private Mortgage Insurance，PMI）的保费可能更低。另外，历史上，联邦住房管理局曾制定过严重歧视少数族裔社区的抵押贷款承保政策，从而引导私人抵押贷款借款人远离少数族裔聚集的社区，这被称为“红线”政策，即政府官员会在以黑人为主并被视为治安不好或不安全的社区周围画一条红线，并拒绝向这些社区的借款人提供贷款。1945—1959年，非裔美国人获得的联邦住房抵押贷款保险不到其总额的2%。随着具有政府补贴性质的住房抵押贷款保险在住房市场上的重要性不断增加，市中心少数族裔社区的房价出现暴跌。此外，少数族裔的FHA贷款申请获批率也同样很低，这在很大程度上违背了政府转移支付、保障弱势群体的基本职能。1968年,“红线”等政策被《公平住房法》定义为非法，然而这一类歧视政策却对少数族裔社区产生了深远的影响，间接降低了美国非裔的住房拥有率，拉大了美国非裔与白人之间的贫富差距。尽管FHA一直在试图纠正一些类似“红线”政策的贷款歧视，但2007—2009年的次贷危机以后，FHA对住房抵押贷款的限制又进一步增加了。

20世纪90年代后期，次级抵押贷款产品出现并与FHA承保的抵押贷款展开了激烈的竞争，而这些次级抵押贷款产品通常未得到充分承保，但是会为贷方带来更高的利润。因此，即使借款人有资格获得更为安全的FHA贷款，银行或金融机构也有动机鼓励借款人申请次贷产品。随着次级抵押贷款市场的繁荣，联邦住房管理局的抵押贷款市场份额逐年下降。2001年，FHA为14%的购房贷款提供抵押贷款保险，但到2005年，这一份额快速下降为不足3%。这些不受监管、未得到充分承保的次级贷款涌入房地产抵押贷款市场，推高了美国房地产市场的泡沫，直接导致了次贷危机和房地产市场的几近崩盘。在次贷危机之后，美国加强了对住房抵押贷款市场的监管，传统的抵押贷款在信贷紧缩中枯竭，FHA与房利美和房地美一起成为美国抵押贷款融资的主要来源，由FHA承保的住房抵押贷款在美国住房抵押贷款总额中的比重从2%快速跃升至超过1/3。到2011年，美国联邦住房管理局承保了约40%的美国购房抵押贷款。自2008年以来，FHA已经通过再融资帮助无数美国家庭降低了每月的房贷还款额。在私人次贷市场上，大量高风险的借款者在次贷危机后转而选择从FHA借款，使FHA面临巨大的潜在损失风险，而贷款市场的损失严重影响了FHA的资本储备基金，到2012年初，该基金已低于国会规定的2%的安全标准，而两年前该基金还维持在高于6%的水平。2012年11月，FHA已经开始资不抵债。

（三）退伍军人管理局

退伍军人管理局成立于1944年，主要执行面向退伍军人的住房贷款支持和担保计划。

二、住房金融二级市场

（一）联邦国家抵押贷款协会（房利美）

联邦国家抵押贷款协会（Federal National Mortgage Association，FNMA），通常被称作房利美（Fannie Mae），是一家美国政府资助的企业，成立于1968年，主要负责对联邦住房管理局和退伍军人管理局承保的抵押贷款提供及时偿付保证，从而确保银行不受损失，达到稳定一级市场的目的，切实增加中低收入家庭的住房购买力。此外，它还会通过地方政府或社区为低收入家庭提供住房补贴，且补贴资金直接来源于国会拨款。作为新政的一部分，该公司成立于1938年大萧条时期，其主要业务是通过抵押担保证券的形式将抵押贷款证券化，允许贷款的贷方进行再投资，通过减少对当地储蓄和贷款协会的依赖扩大二级抵押贷款市场，将它们的资产转化为更多的贷款，这样做实际上增加了抵押贷款市场中的贷款数量。

（二）联邦住房贷款抵押公司（房地美）

联邦住房贷款抵押公司（Federal Home Loan Mortgage Corporation，FHLMC），通常被称作房地美（Freddie Mac），是一家公开市场交易的政府担保企业，总部位于弗吉尼亚州。房地美于1970年成立，旨在扩大美国抵押贷款的二级市场。具体而言，房地美与房利美一起购买抵押贷款，将它们集中捆绑作为抵押支持债券（Mortgage-Backed Security，MBS）在公开市场上出售给私人投资者。这种二级抵押贷款市场在很大程度上增加了可用于抵押贷款的货币供应，同时增加了可用于进行房地产投资的资金。

房地美收入的主要来源是对其购买并证券化为抵押支持债券的贷款收取担保费。房地美抵押支持债券的投资者或购买者愿意向房地美支付保费，以换取房地美对其住房抵押贷款信用风险的承保。也就是说，房地美担保无论借款人是否实际还款，住房抵押贷款的本金和利息都会得到及时偿付。由于获得了房地美的财务担保，这些抵押支持债券对投资者极具吸引力，且证券市场对这部分抵押支持债券的交易权限也有所放宽。房利美和房地美规定，由房利美和房地美担保的证券，本金及任何利息，不由美国政府或除房利美和房地美以外的任何美国机构或组织担保，也并非任何其他机构或组织的债务或义务。因而，理论上，房利美和房地美不受美国政府的资助和保护，房利美和房地美的证券并没有政府还款的保证，这在美国授权政府担保企业的法律、抵押证券的自身条款及房利美和房地美所发布的通告中都有明确的规定和说明。然而，美国人普遍认为，房利美和房地美的证券具有某种隐含的联邦政府担保属性，属于“政府隐性担保”或“由纳税人隐性支持的机构发行”的证券。因而，大多数投资者认为在抵押贷款出现大规模违约时，政府会出面用纳税人的钱进行偿付。

虽然房地美从未受到过任何联邦政府的直接资金援助，但确确实实受益于政府补贴。抵押支持债券在美国的发展非常迅猛，随着抵押贷款发起人越来越多地通过私有渠道贷款，政府担保企业逐渐失去了监管抵押贷款发起人的权力。房利美、房地美等政府担保企业和私有证券化机构之间的贷款竞争，在削弱政府担保企业权力的同时增加了抵押贷款发起人的权力，这直接导致抵押贷款承保标准的下降，而这也是2007—2009年美国次贷危机爆发的主要原因。

投资银行证券化机构非常愿意将风险贷款证券化，因为它们可以通过证券化有效分摊风险。房利美、房地美等政府担保企业通常会对其发行的抵押支持债券的市场表现进行担保，而私有证券化公司通常无法保证其发行的抵押支持债券的市场表现，且证券化公司自身仅保留一小部分的风险，而将绝大部分的风险转嫁给证券投资者。2001—2003年美国历史性的低利率引发了前所未有的再融资热潮，金融机构纷纷通过再融资获得了超额利润。而当利率逐渐上升时，金融机构试图通过转向投资风险更高的抵押支持债券来保持其较高的业绩基准。利润在很大程度上取决于成本，要保持较高的利润水平，需要投资较低承保标准的抵押支持债券及政府担保企业拒绝证券化的新产品来扩大业务规模。一方面，为了用高利润率取悦私人股东，私有抵押支持债券规模的快速扩张迫使政府担保企业不断降低其承保标准以降低成本，从而试图收回其失去的市场份额。另一方面，股东也对政府担保企业施加压力，促使其与私有抵押支持债券争夺市场份额。在这种情况下，政府担保企业的承保标准不断下降。相比之下，更为公开的FHA坚持了其承保标准，这也使其不得不放弃大量的市场份额。

抵押支持债券的不断扩张和市场监管的缺失导致定价过低的住房融资产品过剩，这使到2006年许多信用不佳的借款人无法偿还其贷款，房屋止赎率急剧上升。越来越多的房屋止赎增大了本已庞大的房屋库存规模，同时随着止赎率上升，金融机构选择提高其贷款标准使借款人获得抵押贷款的难度越来越大，从而导致房产迅速贬值。房产的贬值又使美国大多数抵押支持债券机构包括房利美、房地美等政府担保企业的损失越来越大。2008年7月，美国政府试图通过重申“房利美和房地美在美国住房金融体系中发挥着核心作用”的观点来缓解来自美国市场的担忧。美国财政部和美联储采取了一系列措施来增加公众对这些贷款证券公司的信心，包括允许这两家公司获得美联储的低息贷款，并取消对于财政部直接购买政府担保企业股份的禁令。尽管美国政府做出了诸多努力，到2008年8月，房利美和房地美的股价水平均比一年前下跌了90%以上。

三、住房金融市场监管

美国住房和城市发展部于1965年成立，是当时约翰逊总统扩大美国社会福利计划的重要部分，HUD直接向美国总统报告，属于总统内阁成员，其主要负责住房金融政策的制定，任务是改善美国居民的住房条件，促进住房市场的发展和住房保障体系的完善。美国住房和城市发展部于1992年设立联邦住房企业监管办公室（Office of Federal Housing Enterprise Oversight，OFHEO），负责监管以房利美和房地美为代表的需求侧政府担保企业，同时设立的联邦住房金融委员会（Federal Housing Finance Board，FHFB）则负责监管12家供给侧联邦住房贷款银行。2008年次贷危机以后，面对国内广泛的对于美国政府对住房金融企业监管不力的质疑，美国政府决定将OFHEO和FHFB合并，组成联邦住房金融局（Federal Housing Finance Agency，FHFA），加强对国内住房金融市场的监管。联邦住房金融局与主要负责提供抵押贷款保险的联邦住房管理局分属两个完全独立的不同机构。

联邦住房金融局的政策目标主要有两个。一是确保以房利美、房地美为代表的政府担保企业能够以安全有效的方式运行。FHFA会对这些机构的日常运营情况进行监测和评估，且每年会公布政府支持机构能收购的住房抵押贷款的最高限额，具体限额因地区而异，在房屋价格的中值超过基准贷款限额的高成本地区，最高贷款限额会相应地有所提高，限额内的抵押贷款被称为合格贷款，而超过限额的抵押贷款则被称为超额贷款。在2008年次贷危机前，超额抵押贷款被允许出售给私人投资者（如雷曼兄弟等）。金融危机后，超额贷款不再允许出售，仅能在传统银行的资产负债表上持有，“影子银行”只能与传统银行在合格贷款市场上竞争，这在很大程度上降低了次级贷款的风险。FHFA还会要求这些企业每年提供压力测试结果，督促它们形成有效的应对未来金融危机的预案。2008 年次贷危机后，FHFA 正式接管了房利美和房地美，这一接管被视作美国几十年来政府对私人金融市场最直接且最具影响力的干预之一。二是保证政府担保企业可以为住房金融和社区投资提供可靠的流动性支持，从而形成一个可靠、高效、稳定的国内住房金融体系。与此同时，FHFA 还负责定期发布美国住房价格指数（HPI）。

"以房养老"的其他国家模式

一、加拿大模式

加拿大金融机构监管办公室（Office of the Superintendent of Financial Institutions，OSFI）于 2018 年 10 月提交给财政部部长的文件指出，加拿大的未偿反向抵押贷款债务已飙升至 34.2 亿加元，月度和年度增幅均创历史新高。加拿大的住房反向抵押贷款由 HomeEquity Bank 和 Equitable Bank 两个金融机构提供，这两个金融机构提供的"倒按揭"业务均未得到政府的承保。由于缺乏来自政府的支持，"以房养老"模式在加拿大远不像在美国那样普遍。目前，除育空地区外，加拿大所有省份和地区都提供反向抵押贷款业务。在加拿大，想要获得住房反向抵押贷款的资格需满足以下条件:（1）借款人的年龄必须超过 55 岁，如果有多于一个借款人，年轻一方的年龄必须超过 55 岁;（2）借款人必须完全或基本上拥有用于抵押的房产，此外借款人住房的任何未偿抵押贷款必须用反向抵押贷款所得先行偿还;（3）对于借款人的收入水平无要求。

加拿大的住房反向抵押贷款利率因不同贷款而异，同时贷款期限也不尽相同。有些贷款业务无固定期限，有些贷款业务提供 6 个月到 5 年的固定期限。在加拿大，从私营部门的贷方获得住房反向抵押贷款的成本可能高于其他类型的抵押贷款或股权转换贷款，具体的贷款成本取决于借款人获得的特定住房反向抵押贷款项目，可能会产生的费用类型有：（1）房地产估价费用；（2）法律咨询费用；（3）其他法律、文件签署和管理费用，这些费用中只有房地产估价费用是需要垫付的，其余费用则从住房反向抵押贷款的所得中扣除。借款人在贷款到期日前对其房产拥有完全产权，这包含对于房屋的维护费用及应支付的所有税费。借款人在住房反向抵押贷款中收到的贷款额为预付款，并非应税收入，无须为住房反向抵押贷款交税，且这部分收入不会影响借款人从加拿大老年保障（Old Age Security，OAS）或保障收入补助（Guaranteed Income Supplement，GIS）中获得的政府福利。此外，如果住房反向抵押贷款的预付款被用于投资，则计税时可以将反向抵押贷款的利息费用从投资所赚取的收入中扣除。

二、英国模式

英国的“以房养老”主要有两种形式。一种是“逆向年金”，老年人将房产抵押给银行、保险公司等金融机构，每月获得固定的现金流作为养老金，老年人继续居住在其房屋中直至去世或搬进养老院，之后售卖其住房归还贷款。另一种是“以大换小”，即出售较大的房屋，换购较小的房屋，用其差价养老。同样，在我国很多老年人仅拥有一套住房，他们往往选择用“以大换小”的差价来支付其晚年所需的高昂医疗费用。

三、德国模式

德国的住房拥有率远低于英国、美国和中国。2014 年，仅有 45% 的德国家庭居住在他们自己的房产中（其中仅有 26% 的房主没有住房抵押贷款），这在很大程度上阻碍了“以房养老”模式在德国的推广。相比之下，这一比例在英国为64%，在美国为65%，在中国为80%。德国的房屋所有权分布也相对不平等，仅有22%的处于最低收入1/5的德国家庭拥有自己的住房，而处于最低收入1/5的50%的英国家庭和36%的美国家庭拥有自己的住房。在中国，收入水平较低的农村地区甚至能达到100%的住房覆盖。德国的住房租赁市场主要是私人市场，2002—2014年，德国社会住房的数量急剧下降，从260万套减少至140万套。2014年，社会住房部门的住宅份额仅为总住房的4%。

德国的实际房价在20世纪90年代初期保持稳定，从90年代后期开始的大约十年内略有下降，并在2010年之后温和反弹，这与东西德统一后的建筑热潮和随后的放缓是一致的，与中国、美国和英国长期的房价强劲上涨的趋势形成了鲜明的对比，这同时也说明德国的房主所实现的房屋增值收益较其他三个国家要低得多。自20世纪90年代初以来，德国、英国和美国的新增抵押贷款实际利率都有所下降。然而，德国的抵押贷款与GDP的比率相比于英国和美国要低得多，且一直呈现下降趋势。这主要源于德国较为严格的抵押贷款要求，这些要求同时也降低了德国的次贷风险。德国的抵押贷款借款人是一个经过严格财务审查的群体，他们的现有收入或财富确保其有能力支付相对高昂的首付。在缺乏父母资助的情形下，相对严格的贷款要求导致德国人通常在较晚的时间购买房产。近年来，德国出现了明显的人口趋势变化，平均家庭规模从1991年的2.27人减少至2015年的2.00人，这在很大程度上增加了人均住房空间，导致个人住房支出随时间的推移而不断上升。这些背景在很大程度上说明了“以房养老”模式在德国推行的重要性，但德国对于抵押贷款较为严格的监管又在很大程度上阻碍了“以房养老”模式的实际推广。

四、澳大利亚模式

澳大利亚为老年人提供住房反向抵押贷款，2012 年 9 月可以作为澳大利亚“以房养老”模式的重要时间节点。澳大利亚的消费者信用保护法（National Consumer Credit Protection Act，NCCPA）于 2012 年进行了修订以纳入对于住房反向抵押贷款的更高水平的监管。住房反向抵押贷款受到澳大利亚证券和投资委员会（Australian Securities and Investments Commission，ASIC）的监管，要求贷方和投资顾问在签订合同时高度合规并向借款人披露抵押贷款的所有细节。与美国的情形相似，在申请住房反向抵押贷款前，借款人需要向经认可的反向抵押贷款专家寻求信贷建议，且任何想要从事住房反向抵押贷款业务的机构或个人（包括贷方、出租人和经纪人）都必须获得 ASIC 的许可。澳大利亚对于借款人的具体申贷资格要求因贷方而异，一般来说，要求借款人必须超过 60 岁，如果抵押贷款有多个借款人，最小的借款人必须符合相应的年龄要求。另外，借款人必须拥有自己居住的房产，或者现有的抵押贷款余额足够低，以至这部分抵押贷款余额可以被反向抵押贷款的所得覆盖，从而确保反向抵押贷款成为由借款人所抵押房产进行担保的唯一债务。

澳大利亚的住房反向抵押贷款额度可高达房产市值的 50%，具体贷款额度由以下四个因素共同决定：（1）借款人的年龄，更高的年龄可获得更多的贷款金额；（2）当期利率；（3）房产价值，包括房产地理位置及未来的升值可能性；（4）住房反向抵押贷款的最低和最高限额。住房反向抵押贷款的成本取决于借款人获得的特定反向抵押贷款，通常有申请费和印花税、抵押登记费及其他因地区而异的政府费用。反向抵押贷款的利率有固定利率和浮动利率两种，自 2012 年 9 月澳大利亚的《消费者信用保护法》颁布以来，新的反向抵押贷款不允许再采用固定利率，而在法律颁布之前签订的反向抵押贷款合同还被允许依照旧法规采用固定利率。此外，在反向抵押贷款的存续期间可能会产生服务费，最受欢迎的反向抵押贷款的服务费通常为零。

大多数住房反向抵押贷款必须在老年人离世或搬离住房时进行清偿（包括所有未付利息和费用），且大多数反向抵押贷款仅是所有者住房贷款，这意味着这一类贷款不允许借款人将自己的房产租给其他长期租户并搬离。另外，一个普遍的误区是，当借款人离世或搬离其住房时，借款人或继承人必须立即出售房产进行清偿。然而事实是，借款人或其继承人可以选择采用其他方法进行清偿，如出售其他资产，甚至可以采用一般性的抵押贷款进行再融资，或者如果他们具有申请资格，还可以签订其他住房反向抵押贷款合同。借款人提前偿还住房反向抵押贷款可能会产生罚款，具体罚款金额取决于贷款合同，当然反向抵押贷款合同的重新签订也可能会产生额外的费用。根据《消费者信用保护法》，2012 年 9 月以后澳大利亚不允许对新贷款的提前偿付进行处罚，但是银行可以收取合理的管理费作为提前解除抵押合同的协调费用。

2012 年 9 月，澳大利亚政府还要求所有新签订的住房反向抵押贷款合同必须包含“无负资产担保”这一法定条款，这意味着如果贷款余额超过房产出售的所得，贷方无权对借款人的遗产或其他受益人提出任何形式和金额的索赔，也就是说当住房反向抵押合同终止且借款人的房屋出售时，如果房产的售价超过贷方的贷款余额，超过的部分归借款人所有，如果房价不抵贷方的贷款余额，贷方无权向借款人追索。如果房主在 2012 年 9 月之前签订住房反向抵押合同，那么他的贷款余额超过房产价值的部分可能会受到来自贷方的索赔。

五、日本模式

日本的“以房养老”业务被称为“长期生活志愿资金”，日本是地震、海啸等自然灾害频发的岛国，在日本人的理念里，土地的价值远高于容易坍塌、毁坏的房屋的价值。因而在日本的房产价值核算体系中，政府乃至很多金融机构仅承认土地的价值，这就意味着很多日本高档公寓因其土地共有而不被承认其作为担保品的抵押价值。

第四章

“以房养老”模式的弊端和风险

“以房养老”模式的弊端

“以房养老”模式主要有三方面的弊端。第一，前期需要产生的相对高昂的成本可能会使住房反向抵押贷款的成本高于传统抵押贷款的成本。在美国，反向抵押贷款的成本与传统抵押贷款的成本大致相同，具体成本的计算取决于贷款额与抵押品价值的比率。第二，住房反向抵押贷款的利率可能会高于传统抵押贷款的利率。第三，住房反向抵押贷款的条款相对复杂难懂，很多金融素养不够高的老年借款人在没有完全理解条款和要求的情况下获得了住房反向抵押贷款。在美国及世界其他各国，一些住房反向抵押贷款的贷方试图利用“倒按揭”的复杂性来与老年借款人签订对借款人不利的合同。2000年对美国老年人进行的一项调查显示，大多数受访者在获得住房反向抵押贷款时并未很好地理解反向抵押贷款的财务条款。美国作为市场经济体制和信用体系较为完善的国家在推进“以房养老”模式的过程中尚存在这一问题，老年人金融素养不高的问题在作为发展中国家的中国更为显著。我国自改革开放以来经济快速发展，也迅速接纳了很多发达国家相对成熟的金融创新产品，但是我国实行市场经济体制的时间相对短暂，金融市场的发展还较为初步，人们尤其是老年人的观念也并未得到快速转变，且民众的金融素养并未得到广泛的提升，相关法律法规的建设还有待加强。在这种情况下，如果在我国推行美国式“以房养老”模式，很容易使老年人陷入“以房养老”的各种骗局，不但无法使其获得稳定的现金流，还会使其失去唯一的住所，变得无家可归，从而引发更为严重的社会问题。

“以房养老”模式存在的风险

住房反向抵押贷款的借贷双方都有可能存在违约风险，主要体现在以下五个方面。

一、技术违约风险

住房反向抵押贷款的借贷双方都有可能存在违约风险。以美国为例，截至 2014 年 6 月，所有正在履行的 HECM 中有 12.04% 因房主未支付房产税或保险费而出现技术违约，这意味着将近 78000 名美国老年房主面临丧失抵押品赎回权的风险。HUD 支持 HECM 业务的共同抵押保险（Mutual Mortgage Insurance，MMI）基金已经出现 12 亿美元的资金缺口，这些问题使 HECM 项目不得不进行一系列改革以提高其自身的偿付能力，其中最重要的变化是要求贷方在承销 HECM 的同时考虑借款人的财务和信用风险情况。虽然类似的要求在考虑远期抵押贷款时非常普遍，但还是首度在 HECM 的考量中引入。反过来说，HECM 不考虑老年人的财务和信用风险情况，在某种程度上导致 HECM 违约率不断攀升。

较高的 HECM 初始提款额会增加借款人的违约风险，这和远期市场中贷款额与抵押品价值（Loan To Value，LTV）比率高的借款人违约风险通常相似度较高。然而，与远期市场中负资产是违约的主要决定因素不同，HECM 的贷方已经为贷款余额高于房产价值的部分投保，从而在很大程度上减小了借款人在抵押品价值低于贷款额时的战略性违约动机。借款人是否具备偿付能力看似与HECM无关，因为HECM属于反向抵押贷款，然而由于房产在合同存续期间并未发生实际产权转让，这就使需要借款人持续支付房产税和保险费。正向和反向抵押贷款的房屋净值可用信贷额度也有所不同，反向抵押贷款无法像正向抵押贷款那样通过降低信贷额度来应对房价和经济波动，这使二者的违约风险有所不同。

HECM业务中难以避免的技术违约风险可能使贷方、联邦政府和房主的风险与贷款成本同时增加。当借款人实际违约时，作为金融机构的贷方在与借款人反复商讨制订解决方案时会产生一系列费用，如果贷方未能及时找到有效的解决方法或快速累积资产，他们可能会丧失HUD提供的贷款保险并被要求承担其相应的债务。如果借款人违约导致处于负资产境况的资产被取消抵押品赎回权，借款人的房屋就会被清算以降低贷方的损失，而这种由违约构成的止赎事实上与“以房养老”模式的基本政策理念——为居家养老的老年房主提供稳定的现金流——背道而驰，“以房养老”绝非想让老年人背负高昂的债务从而变得无家可归。

在国会的授权下，HUD被允许为HECM制定合同条款以确保该业务的偿付能力。从历史上看，HUD从未给HECM加入任何基于风险的承保标准（例如基于老年家庭信用评分、债务或收入水平的承保标准）。HECM的申请资格主要取决于借款人的年龄和房产价值。然而，从2015年4月开始，HUD要求贷方在发放贷款之前评估和记录借款人的支付能力，按照最低信用、债务和财务负担能力标准来发放贷款。未能满足新承保标准的借款人可能会被拒绝提供HECM，或者可能会被要求在贷方管理的托管账户中留存一部分可用资金，用以支付未来的房产税和保险费用，这部分留存被称作放在一边的预期寿命。这一政策变化的影响目前尚不清晰，理论上应当会降低整体的违约风险，但同时也会把一部分最为需要通过住房反向抵押贷款获得稳定现金流来支付自身生活费用和医疗费用的低收入老年人挡在门外。

二、长寿风险

长寿风险（Longevity Risk）是指个人实际寿命高于预期寿命从而产生的风险。经济条件并非长寿的充分条件，换言之，经济条件不好并不影响寿命，身体条件才是影响寿命的关键。老年人长寿的财务风险主要体现为，青壮年时储蓄不足，年老后缺乏养老金或子女赡养。长寿风险依据年龄并非完全客观，事实上它是一种较为主观的风险。人们对于退休后的生活有一定的品质追求，这种追求作为刚性需求导致长寿风险的进一步增大。随着我国经济和医疗技术的快速发展，国民的预期寿命不断延长，在结构性失业频出和退休年龄并未显著延后的当下，老年人的长寿风险会日趋显著。由于住房反向抵押贷款的贷方需要在老年人去世或搬离前为其每月提供稳定的现金流，如果老年人寿命非常长，贷方可能会承受较大的损失。这样的例子在欧美并不少见，保险公司或金融机构甚至包括老年人自身都很难预期其剩余寿命，因而很多时候保险公司或金融机构需要为非常长寿的老年人支付显著高于其房产价值的贷款额度，而这也使很多资金不足的保险公司或金融机构选择违约，终止其对于住房反向抵押贷款合同的履行。

三、房产价值波动风险

房产价值波动风险在欧美、日本等市场经济体制建立时间相对较长的经济体较为常见。如前文所述，我国改革开放以来房地产市场才逐步建立，在这几十年中，大多数城市的房价都是稳步上升的，并未发生美国次贷危机、日本金融危机时那样房价急剧下跌的情形，民众对于房价普遍看好。然而，房产在投资的资产选择中其实是属于风险资产的，虽然在中国基本没有发生过房价急剧下跌的情形，但在其他国家，尤其是市场经济体制较为发达的国家，房地产市场泡沫破裂引发的房价崩盘并不罕见，加之房产的流动性较低，房地产市场投资的风险在欧美等发达国家和地区远高于股票、债券等市场的投资。近年来我国房地产市场尤其是经济发展水平较高地区的房地产市场异常繁荣，部分地区房地产市场过热的迹象已经显现。“以房养老”模式普遍采用的住房反向抵押贷款或“倒按揭”合同中都嵌入了房价的看跌期权，这份看跌期权在房价急剧缩水时为风险承担能力相对较弱的老年人提供了非常好的保护，同时增加了提供“以房养老”服务的保险公司或金融机构的风险。目前我国对于应对这种风险仍无具体的举措，而在美国，政府机构 FHA 会对保险公司或金融机构发行的住房反向抵押贷款进行担保，贷方和借款人需要向 FHA 支付占房产价值一定比重的保险费，一旦出现房产价值急剧缩水从而导致房产价值低于贷款与其成本总和的情形，FHA 需要向贷方补偿这一部分的差额。

四、通货膨胀风险

通货膨胀风险是金融领域的常见风险，住房反向抵押贷款的期限随老年人寿命的变化而变化，短则几年，多则几十年，在相对较长的贷款周期内不能不考虑通货膨胀风险。一般来说，房产对通货膨胀风险的抵抗能力是较好的，这也是我国很多先富起来的人选择房产进行保值增值的主要原因。

五、政策风险

相比于欧美等市场经济体制较为完善的国家和地区，政策风险在发展中国家较为显著。房屋的产权问题是阻碍“以房养老”模式在我国推行的一个重要因素。如前文所述，在美国有资格获得 HECM 的房产主要有单户住宅、一到四单元住宅中的一个单元，以及经由美国住房和城市发展部批准的共管公寓。由于住房反向抵押贷款的期限较长，这样设置不仅考虑了老年人住房的折旧，也考虑了老年人住房占地的价值。然而在我国，住宅用地使用年限仅为70年，这意味着如果老年人与金融机构签订“住房反向抵押贷款”协议，其过世之后住房的使用年限可能已经所剩无几。此外，我国地方政府对于房市的管控政策频出，无论是限购、限贷，还是共有产权等政策都会在一定程度上扭曲房价，在某些情况下还可能造成房价的大幅波动，不利于“以房养老”模式的推广。我国现阶段依旧处于快速城镇化进程当中，各地老城区的改造以及新城的扩张仍在进行，拆迁、易地搬迁等屡见不鲜。老年人向保险公司或金融机构抵押的住房，在数十年的城市规划中，无法预期是否会遇到因城市规划设计的原因，对这些住宅进行拆迁、改造等变动事项。由于住房反向抵押贷款合同在签订时并不进行产权转让，这种拆迁及其补偿的相关政策很容易引起借款人和贷方之间的权责争议，不利于住房反向抵押贷款合同的正常履行。“以房养老”模式并非纯粹的商业保险，它的本质兼具养老服务的福利属性，政府也需要在其中承担一定的责任，而这也将政府暴露于风险之中。

第二篇

中国住房金融体系与“以房养老”模式

第五章

中国住房金融体系

2013年，党的十八届三中全会提出，研究建立城市基础设施、住宅政策性金融机构。目前，我国还没有真正意义上的住宅政策性金融机构，住建部下属的住房公积金管理中心承担了部分政策性住房金融机构的职能，但它并非严格意义上的住宅政策性金融机构。首先，住房公积金管理中心为事业单位，并不具有金融牌照，且制定的政策主要为强制性政策。其次，我国现行的住房公积金制度覆盖面有限，并未在全国范围内建立起来，很多地区仅仅部分企业严格执行了该住房政策，临时工、农民工等均被排除在住房公积金保障之外。

“以房养老”模式归属于住房金融体系，住房金融是指在住房的整个过程中，居民围绕住房建设、购买、租赁、改善、维修等活动所发生的信贷业务总和[①]。传统的住房金融体系受到国家住房金融政策的管控，包含政策性、商业性和合作性住房金融三个组成部分，其中政策性住房金融类似于美国住宅和城市发展部所发挥的作用，在塑造一国或一个地区的房地产市场结构、保障住房可得性等方面发挥着重要作用。国际上政策性住房金融模式主要可以分为三类。第一类是资本市场型，如前文所述的美国政府担保企业房利美或房地美，依靠住房抵押贷款证券化的方式进行住房融资，主要体现为政府担保、市场化运作的特点。第二类是合同储蓄型，如德国的契约模式或日本的邮政储蓄模式，由居民自愿与住房储蓄银行签订

---

① 周华东，李艺，高玲玲.住房公积金与家庭金融资产配置——来自中国家庭金融调查（CHFS）的证据[J].系统工程理论与实践，2022（6）.

储贷合同，建立有契约性质的封闭型金融体系。第三类是强制储蓄型，如中国和新加坡的住房公积金制度，政府利用强制手段筹措住房储备金，以优惠贷款的方式支持住房消费。值得一提的是，目前世界上采取强制储蓄型住房金融的国家较少，且多为发展中国家，如菲律宾、巴西、墨西哥、尼日利亚等。

中国的住房公积金制度

1994 年 7 月发布的《国务院关于深化城镇住房制度改革的决定》首次提出，要全面推行住房公积金制度。住房公积金由在职职工个人及其所在单位，按职工个人工资和职工工资总额的一定比例逐月交纳，归个人所有，存入个人公积金账户，用于购买、建设、大修住房，职工离退休时，本息余额一次结清，退还职工本人。企业为职工交纳的住房公积金，从企业提取的住房折旧和其他划转资金中解决，不足部分经财政部门核定，在成本、费用中列支。行政事业单位为职工交纳的住房公积金，首先立足于原有住房资金的划转，不足部分，全额预算的单位由财政预算拨付；差额预算的单位按差额比例由财政预算拨付；自收自支的单位比照企业开支渠道列支，职工的住房公积金本息免征个人所得税。为贯彻党的十五大精神，进一步深化城镇住房制度改革，加快住房建设，1998 年 7 月发布的《国务院关于进一步深化城镇住房制度改革 加快住房建设的通知》提出，1998 年下半年开始停止住房实物分配，逐步实行住房分配货币化，全面推行和不断完善住房公积金制度，到 1999 年底，职工个人和单位住房公积金的缴交率应不低于 5%，有条件的地区可适当提高缴交率。建立健全职工个人住房公积金账户，进一步提高住房公积金的归集率，继续按照“房委会决策，中心运作，银行专户，财政监督”的原则，加强住房公积金管理工作。

中国的住房公积金制度是一项强制性、长期性、保障性的住房储蓄制度。然而，我国所采用的强制储蓄型住房公积金制度也存在一些问题。首先，随着我国房地产市场的改革，房价与居民收入之间出现了一定的错配，住房公积金制度的公平性出现了争议，很多学者认为现行的公积金制度在一定程度上加剧了城镇居民收入分配不均的问题。其次，强制型的公积金政策如同市场型的住房抵押贷款证券化方式一样，可以扩大居民对于房屋的需求量，进而使房价上涨，甚至如同美国那样出现房市泡沫。最后，住房公积金确实可以促进居民的住房消费，但也在很大程度上挤出了其他方面的消费，对于居民整体消费水平的影响不确定。

国家金融监督管理总局

1998 年 11 月，根据《中共中央 国务院关于深化金融改革，整顿金融秩序，防范金融风险的通知》和《国务院关于成立中国保险监督管理委员会的通知》，成立中国保险监督管理委员会（以下简称“保监会”）。2003 年 3 月，第十届全国人民代表大会第一次会议批准了《国务院机构改革方案》，中国银行业监督管理委员会（以下简称“银监会”）正式成立。2018 年 3 月，第十三届全国人民代表大会第一次会议批准了《国务院机构改革方案》，组建中国银行保险监督管理委员会，同时不再保留中国保险监督管理委员会。银监会与保监会的合并意味着银保融合在我国进入了新的历史时期。事实上，老年人住房反向抵押贷款也是银保融合的金融创新产品，银保融合在某些方面实现了银行业和保险业的共赢。对于银行业来说，银行业务激烈的竞争迫使银行在传统的存贷业务之外寻找新的利润增长点；对于保险公司来说，与银行合作为其拓宽了销售渠道，增加了资金支持。2023年3月，中共中央、国务院印发《党和国家机构改革方案》，决定在中国银行保险监督管理委员会基础上组建国家金融监督管理总局，同时不再保留中国银行保险监督管理委员会。

中国的“影子银行”

在中国，“影子银行”的概念至今没有一个明确的界定，学界普遍认为，只要涉及借贷关系和银行业务都属于影子银行，主要包括银行业内部不受监管的证券化活动，以银信合作为主要代表，包含委托贷款、小额贷款公司、担保公司、信托公司、财务公司和金融租赁公司等进行的“储蓄转投资”业务，同时包括不受监管的民间金融，主要包括民间借贷、典当行等。

第六章

“以房养老”的中国模式

“以房养老”模式在中国的落地

政府、金融机构和学术界都对日趋严重的人口老龄化问题提出了诸多应对策略，其中备受关注的便是“以房养老”模式。2003年，时任中国房地产开发集团公司总裁的孟晓苏曾提议设立“反向抵押贷款”保险，让拥有私人房产并愿意投保的老年人享受“抵押房产、领取年金”的寿险服务。无独有偶，全国政协委员、建设部科学技术司司长赖明将住房“抵押贷款”和“反向抵押贷款”模式描述为“60岁前人养房，60岁后房养人”，并建议对“以房养老”模式在中国的落地进行深入系统的研究，选择大城市进行试点，等到运作成熟后推广至全国。2004年底，中国保监会计划在北京、上海、广州等大城市试点推出主要面向老年群体的住房反向抵押贷款。2007年11月，国内首家经营“以房养老”业务的保险公司幸福人寿成立，幸福人寿属于国有控股企业，主要经营各类人寿保险、健康保险、人身意外伤害险及与人身保险相关的再保险业务。2007年4月，上海首次试点以房自助养老，公积金管理中心做房东，以房自助养老与传统的住房反向抵押贷款模式不同，从合同签订之日起房屋的产权就发生了变更，而非在老年人身故或搬离之后。2011年9月，全国政协举办“大力发展我国养老事业”提案办理会，“以房养老”的提案再度引发社会各界的广泛关注。2013年9月，国务院颁布《关于加快发展养老服务业的若干意见》，明确提出开展老年人住房反向抵押养老保险试点，鼓励养老机构投保责任保险，保险公司承保责任保险。《关于加快发展养老服务业的若干意见》还提出，地方政府发行债券应统筹考虑养老服务需求，积极支持养老服务设施建设及无障碍改造。

居家养老是目前我国主要的养老方式，老年人按照自己的意愿居住在家中，子女提供必要的物质需求和精神照料，社区也相应地为老年人提供一定的养老服务。居家养老的方式符合中国传统的“养儿防老”观念，也为“以房养老”模式在我国的推行提供了前提条件。2014 年 6 月，保监会发布了《关于开展老年人住房反向抵押养老保险试点的指导意见》，自 2014 年 7 月起在北京、上海、广州、武汉试点实施老年人住房反向抵押养老保险。老年人住房反向抵押养老保险初登我国金融市场，具体业务在老年人中的普及度有限，且抵押合同条款复杂，期限较长，不确定因素较多，通过在大城市试点的方式，有利于逐步积累“以房养老”业务的经验，促进该项业务在我国的平稳有序推行。此次试点设立了 2 年的试点期限。试点期间，投保人群为 60 岁以上拥有房屋完全独立产权的老年人，单个保险公司业务规模不得超过总资产的一定比例。为获得更多的发展经验和市场反馈，2016 年 7 月，保监会将试点期限延长至 2018 年 6 月，并将试点范围扩大至各个直辖市、各省省会、计划单列市，以及浙江、江苏、广东、山东部分地级市。2017 年 6 月，国务院办公厅发布了《关于加快发展商业养老保险的若干意见》，强调要健全多层次养老保障体系，针对老年人养老保障需求，坚持保障适度、保费合理、保单通俗的原则，大力发展老年人意外伤害保险、老年人长期护理保险、老年人住房反向抵押养老保险等适老性强的商业养老保险，完善保单贷款、多样化养老金支付形式等配套金融服务；同时支持商业保险机构开展住房反向抵押养老保险业务，在房地产交易、登记、公证等机构设立绿色通道，降低收费标准，简化办事程序，提升服务效率。2018 年 6 月底，“以房养老”试点结束。2018 年 8 月，银保监会发布《关于扩大老年人住房反向抵押养老保险开展范围的通知》，宣布将老年人住房反向抵押养老保险开展范围扩大至全国，同时强调保险公司和金融机构要做好金融市场、房地产市场等的综合研判，加强老年人住房反向抵押养老保险业务的风险防范与管控；积极创新养老服务产品，丰富保障内容，拓展保障形式，有效满足社会养老需求，增加老年人的养老选择。此外，各地保监局要结合当地实际，加强向地方政府的汇报，加强与相关部门和单位的沟通协调，支持保险公司和金融机构开展老年人住房反向抵押养老保险业务，同时做好相关监管工作，规范市场行为，切实维护老年消费者的合法权益。如保险公司和金融机构确定在当地开展老年人住房反向抵押养老保险业务，当地保监局应及时向银保监会报告。银保监会发布的这一通知意味着“以房养老”政策在我国正式落地。

“以房养老”产品在中国的推广

“以房养老”模式在我国的推行遇到了一些困难，目前我国仅有幸福人寿和人保寿险两家公司开展了“以房养老”业务，推出了“幸福房来宝”和“安居乐”两款老年人住房反向抵押贷款养老保险产品。2015 年 3 月，保监会批复了幸福人寿“幸福房来宝”产品的相关保险条款及费率，“幸福房来宝”成为我国第一个获批并开展业务的反向抵押养老保险产品，该产品的覆盖人群为 60 ~ 85 岁的老年人。该款产品的具体养老保险额度由房屋评估价值、折旧、增值及利率和老年人预期剩余寿命共同确定。考虑到老年人的长寿风险，该款产品需在前期缴纳延期年金，用于承担由老年人长寿导致的超额给付。同时，考虑到我国的房地产市场发展迅猛且充满不确定性，未来房屋价值增值的部分难以估算，因而该款产品被设计为非参与型产品，即保险公司不分享房屋增值部分的收益，但要承担房价下跌的风险。然而嵌入住房反向抵押贷款的看跌期权并未被政府承保，这在很大程度上增加了贷方需要承担的风险。此外，这款产品与普通的保险产品相比内容和条款较为复杂，因而对这款产品设置的犹豫期也相对较长，为30天。相比普通产品10天的犹豫期，老年人投保“幸福房来宝”后有更多的时间反复权衡以确保自身权益不遭受损失。

2016年10月，保监会批复了人保寿险“安居乐”产品的相关保险条款和费率。中国人民人寿保险股份有限公司是经国务院同意、保监会批准，以中国人民保险集团公司为主，于2005年发起设立的全国性寿险公司。

然而，近年来打着“以房养老”旗号的金融诈骗日渐增多。2021年6月，银保监会发布的《关于警惕“投资养老”“以房养老”金融诈骗的风险提示》指出，正规的“以房养老”是指老年人住房反向抵押养老保险，即将住房抵押与终身养老年金保险相结合的创新型商业养老保险。这种保险目前在我国还处于试点阶段且比较小众，其准入门槛高、法律关系复杂、风险因素多，对机构业务开展和销售管理都非常严格。

第七章

“以房养老”模式在中国的可行性分析

“以房养老”对于中国养老问题的现实意义

不能否认，“以房养老”模式在我国具有一定的推广前景。首先，2020年4月，央行调查统计司城镇居民家庭资产负债调查课题组发布的调查数据显示，我国城镇住房拥有率已经达到96%，高的住房拥有率为“以房养老”模式的推行提供了重要基础。其次，独生子女政策引发的“4+2+1”的倒金字塔家庭结构在现阶段已较为普遍，面对较大的家庭养老压力，独生子女一代很难再完全依靠自身为父母养老，而独生子女又往往能够继承父母的房产，由于家庭人口的急剧减少，对于房产的刚性需求也在急剧降低，这为产权转让提供了重要前提。最后，很多大城市的老年人奋斗一生也仅仅换来一套住房，虽然房产的价值很高，但由于流动性较差，无法满足他们晚年不断增加的医疗和生活支出需求。2019年，广发银行与西南财经大学中国家庭金融调查与研究中心联合发布的《中国城市家庭财富健康报告》显示，从家庭财富配置来看，中国城市家庭更偏好买房，住房资产占比高达77.7%，是美国家庭住房资产占比（34.6%）的两倍多，这也为“以房养老”业务的开展提供了重要条件。

“以房养老”在一定程度上可以缓解政府的养老压力，减小老年人的贫困度，保障弱势群体的生活水平，这种模式已经在欧美等发达国家和地区的实践中取得了理想的效果。国内对于“以房养老”模式的研究主要集中在老年人的参与意愿及政策的可行性分析方面，朱劲松（2011）基于大连市及其下辖的瓦房店市的社会调查数据发现，“违背传统习惯”是阻碍“以房养老”在我国老年人中推进的首要因素[①]。陈健和黄少安（2013）在生命周期模型中引入了遗产的时变特性，从理论上证明了遗赠动机的存在会抑制老年人住房财富效应的发挥，进而阻碍“以房养老”的开展[②]。曹强等（2014）通过建立不完全信息动态博弈模型得出老年人的“长寿风险”是造成“以房养老”模式在中国难以推进的根本原因的结论，老年人和金融机构在签订协议前由于信息不对称等因素会对自身健康状况进行一定隐瞒，而签订协议后又存在对房屋进行维护的道德风险，因而对老年人的健康状况进行合理评估和完善整个社会的信用体系在我国至关重要[③]。张敏等（2015）调查后发现，制约“以房养老”模式推进的因素主要包括政策宣传力度、相关金融保险机构的配套状况、居民对养老模式的关注度等[④]。石振武和袁甜甜（2016）运用哈尔滨市调研数据进行了回归分析，发现在我国传统养老模式及传统观念仍旧普遍存在，对“以房养老”这种新型养老模式的认识与接受需要一个循序渐进的过程[⑤]。熊景维等（2017）基于武汉市中老年人调查数据进行了实证分析，发现老年人的收入状况对其“以房养老”参与意愿有显著的负向影响，代际关系中子女的支持态度有正向影响，子女数量和经济状况均有负向影响，老年人对“以房养老”政策相关

---

① 朱劲松．中国开展以房养老影响因素的实证分析[J]．东北财经大学学报，2011（2）．

② 陈健，黄少安．遗产动机与财富效应的权衡：以房养老可行吗？[J]．经济研究，2013（9）．

③ 曹强，虞文美，张宇．长寿风险对以房养老模式的影响研究——一个博弈分析[J]．北京社会科学，2014（9）．

④ 张敏，黄英，黄娟．武汉市以房养老的影响因素及对策[J]．宏观经济管理，2015（3）．

⑤ 石振武，袁甜甜．以房养老需求意愿及影响因素研究——基于有序 Logistic 模型[J]．调研世界，2016（7）．

信息的了解程度及其认知强化对老年人的参与意愿有显著的正向影响[①]。

中国的养老保险制度与其面临的困境

近代中国从未建立过覆盖全国的养老保险[②]。新中国建立的养老保险制度是由工会主导的企业单方缴费的福利制度，而这种福利制度并非现代社会保险意义上的福利制度，且仅仅维持了十几年就停滞了，取而代之的是企业包办社会成员全生命周期福利的无限责任制度。1984 年 10 月，党的十二届三中全会提出搞活企业用工制度，国企开始试行劳动合同制，企业退休费用以县市为单位实行社会统筹，随后又增加了行业统筹。为进一步落实十二届三中全会精神，1986 年 7 月，《关于发布改革劳动制度四个规定的通知》废止了“子女顶替”制度，从而打破了中国自古以来“子承父业”的传统观念，规定国营企业、事业单位和社团招工必须实行劳动合同制，并实行养老保险制度，单位和个人缴费比例分别为 15% 和不超过 3%，缴费收入统筹转入社会保险部门属地管理的银行专户，分散管理、县市级社会统筹的社会保险制度逐步形成。为推动全国范围内养老保险制度的深化与改革，1991 年 6 月，国务院颁布《关于企业职工养老保险制度改革的决定》，提出养老保险由国家、企业和个人三方共同负担，授权各省、自治区和直辖市经实际测算后自行确定缴费比例，允许不同地区、不同企业之间存在一定的差距，同时外资、私营企业和个体经营者的养老保险制度由地方自行制定。1995 年 3 月，国务院印发《关于深化企业职工养老保险制度改革的通知》，提出实行“社会统筹与个人账户相结合”的方式，为

---

① 熊景维，钟涨宝，李奥奇 . 保障替代、代际契约与信息引致：以房养老参与意愿的影响因素——基于武汉市中老年人调查数据的实证分析 [J]. 人口研究，2017（1）.

② 郑秉文 . 职工基本养老保险全国统筹的实现路径与制度目标 [J]. 中国人口科学，2022（2）.

适应各地区的不同情况提出“两个实施办法”供地方选择：一是以个人账户为主，统筹基金账户为辅，账户比例为16%，由个人和企业共同缴费形成，其中个人缴费比例从3%逐年升高，企业缴费部分划出5%进入个人账户，其余部分进入社会统筹账户；二是以统筹基金账户为主，个人账户为辅，但未规定账户和统筹基金比例，也未规定个人和企业缴费比例，具体比例均由地方政府根据实际需要确定，个人和企业缴费的全部或一部分进入个人账户，换句话说，这就是“现收现付制加个人积累制”。针对各地试点中出现的参差不齐的缴费率和统筹账户与个人账户结合比例，1997年7月，国务院印发《关于建立统一的企业职工基本养老保险制度的决定》，规定将个人缴费率逐步提高到8%，全部纳入个人账户，企业缴费率提高至20%，其中3%纳入个人账户。2000年12月，国务院发布《关于印发完善城镇社会保障体系试点方案的通知》，决定在辽宁等省再次调整账户比例和统筹账户与个人账户的结合比例，将账户比例从11%下调至8%并全部由个人缴纳，企业缴费部分的20%全部进入社会统筹账户。2005年12月，国务院印发《关于完善企业职工基本养老保险制度的决定》，将缴费比例和缩小账户比例的做法推广至全国。经过十多年的不断调试和改革，养老保险的企业和个人缴费比例、个人账户比例等皆趋于稳定。2007年1月，劳动和社会保障部与财政部联合印发《关于推进企业职工基本养老保险省级统筹有关问题的通知》，将1999年的“部标三统一”升级为“六统一”，强调全省执行统一的制度和政策、统一的费率和费基、统一的计发办法和统筹项目、统一的基金调度使用、统一的预算管理和统一的经办业务流程。与1999年的“三统一”相比，2007年的“六统一”将“统一管理和调度使用基金”调整为“统一的预算管理”，增加了“统一的制度和政策”与“统一的经办业务流程”，进一步提高了养老保险的统筹水平。2009年，人力资源和社会保障部在《人力资源和社会保障事业发展统计公报》中宣布，全国31个省份和新疆生产建设兵团全部建立养老保险省级统筹制度，这意味着覆盖全国的养老保险制度正式建立。

然而，我国的养老保险体系也存在着一些问题。随着改革开放以来城镇化水平的不断提高，大量青壮年劳动力涌向大城市和沿海经济发达地区，这种人口红利在很大程度上降低了这些地区的人口抚养比，经济相对发达地区的养老保险基金收入不断增加。由于风险厌恶属性，养老保险只能投资于无风险或低风险资产，这类资产的收益率往往低于居民消费价格指数或投资指数，为避免承担通货膨胀所带来的损失，经济相对发达的地区往往通过降低认缴费率来缓解养老基金增加所带来的贬值压力，而这种做法在一定程度上引发了经济学中的乘数效应。经济相对发达地区认缴的低费率，吸引企业投资办厂以降低养老金成本，从而使欠发达地区的青壮年劳动力进一步向经济发达地区集聚。然而，欠发达地区的有效劳动力少，养老基金收入不足，却需要支付大量“留守老人”的高额养老金，加之每年调整养老待遇水平出现的缺口，统筹基金积累逐渐减少，养老保险制度收入与支出间的结构性矛盾日益凸显。

首先，近年来，养老基金出现赤字的省份逐年增加，目前大约有1/3的省份养老基金有结余，基金累计结余逐年增加；1/3的省份收支相抵，基金累计结余不变；1/3的省份收不抵支，基金累计结余逐渐枯竭，为保证养老金的按时足额发放，需要中央和地方财政的转移支付，而随着养老金缺口的逐年扩大，财政负担越来越重。其次，我国近年来养老金个人账户的“空账”额以每年数千万元的速度递增，这主要源于在制度的实际执行中，由于没有人愿意承担从现收现付制向部分积累制的转制成本，个人账户的缴费不得不用于保障当期养老金的发放，从而形成个人账户的“空账”。最后，养老金的发放随通货膨胀的逐年上升也存在一定的问题。每年的居民消费价格指数由国家统计局进行核算，衡量一篮子商品的价格变化，然而这一篮子商品中也包含电子产品这类价格逐年下降的产品，而电子产品并非老年人经常购买的消费品，因而难以避免老年人的实际通货膨胀水平高于国家统计出的通货膨胀水平的问题。我国的养老保险体系无法避免的诸多问题使用“以房养老”模式作为养老服务的补充拥有了现实意义。

“以房养老”模式在中国推行的实际困难

随着我国房地产市场机制的逐步建立，实行“以房养老”模式的基本条件已初步形成，然而除在西方国家通常会遇到的困难外，“以房养老”模式在中国的推进还会遇到一些与具体国情相关的困难。

首先，专业、有效和准确的居民房产价值评估是住房反向抵押贷款模式运作的前提，反向抵押贷款依据的是房屋的当前市场价值而非购买价值。在不动产登记日益完善的大数据时代，获取居民住房的购买价值已变得相对容易，但购买价值与市场价值之间仍存在一定差距，这主要有三方面的原因。第一，近几十年我国房地产市场经历了快速发展与转型，现阶段我国大部分老年人并未购买商品房，他们中的大多数仍旧居住于单位所分的房屋中，房产实际购得价格远低于其市场价值。一方面，如果房屋按购买时的价值抵押而非当期的市场价值重新评估，单位房屋优惠政策的存在会扭曲抵押价值；另一方面，很多单位明确规定单位所分房屋将来只能卖给原单位，这在很大程度上增加了房产作为资产抵押的难度。第二，北京、上海、广州、深圳等大城市的房价近几十年迅猛增长，增长幅度远高于通货膨胀率，且房价的增长幅度依赖于房产的具体区位，对于房价未来几十年的变化趋势进行预测相对困难。第三，老年人的房产通常具有较长的历史，折旧情况因房产而异，且我国私有房产的产权问题界定不清晰，这些都为对老年人房产的价值进行准确评估带来了很大的困难。目前，我国针对个人资产的评估或咨询业务较少，相关人才稀缺，相关机构的资质要求不明确，评估程序和评估方法也不明晰。另外，个人房产登记信息仍经常出现漏报、错报，数据及信息利用不充分、不合理等情况。

其次，“以房养老”的成功推行需要提高对契约精神的重视。近些年，“以房养老”的骗局在我国时有发生，某些金融机构利用老年人的金融和法律知识缺乏，打着“以房养老”的名义欺骗老年人，与老年人签订房产转让合同，使很多老年人在去世或搬离其住宅之前就失去了其房产。造成“以房养老”骗局的原因很多，最为主要的因素是，我国的住房反向抵押合同主要由商业机构签订，缺乏政府的担保与背书，这一性质导致了“以房养老”模式在我国推进较为艰难。事实上，无论是住房反向抵押贷款模式还是“倒按揭”模式都并非纯粹的商业行为，这种合同作为养老产业的一部分本身就兼具福利性质。美国很多住房贷款是IIECM，由政府机构发行背书，且近些年FHA在HECM业务的运作中损失了数十亿美元。随着人口老龄化问题加剧和出生率的断崖式下跌，养老在世界上大多数国家已成为政府需要面对的严峻挑战，而“以房养老”作为解决养老问题的重要途径具有福利性质，这样的事业指望单纯逐利的商业机构去运作，很难不出现骗局。以上这些因素都使“以房养老”模式短时间内在我国很难得到充分发展。

“以房养老”与数字经济相结合

数字经济可以为“以房养老”模式在中国的推行带来新的契机。例如，老年人的住房评估属于二手房交易价值评估，而二手房的交易价格会受到多重因素的影响。通常，保险公司或金融机构为更合理地对二手房的价格进行评估，进而根据相对客观的房屋市场价值确定住房反向抵押贷款的金额，会选择引进专业评估公司对房价进行评估以降低住房反向抵押贷款的风险。受保险公司或金融机构委托的专业评估团队会上门勘察房屋，据此估算房产价值，并出具房屋评估报告。传统的评估方法受人为因素的影响较大、成本偏高、时效性较低，严重阻碍了“以房养老”模式在我国的推进。近些年，伴随大数据的浪潮，部分商业银行启动了对于房屋评估的数字化转型，探索房价的线上评估之路。房价的线上评估主要可以从四方面降低住房抵押贷款的成本。

首先，金融机构与专业的房价评估公司建立系统直连，在个人住房抵押贷款发起过程中，将待评估的房产信息实时发送至评估公司。评估公司收到信息后，通过大数据、近期交易案例比较等方法实时反馈房产评估价格并出具电子评估报告。相较传统的线下评估方式，线上评估可以做到实时反馈房屋的市场价值，提高价值评估服务的时效性。

其次，数字经济可以在很大程度上节省人力成本。一方面，大数据的汇总可以使房产评估不再过度依赖于专业的评估人员，可以有效降低评估成本，为“以房养老”模式在我国的推广提供了可能。另一方面，“以房养老”涉及的个人住房金融服务业务相对复杂，且期限较长，对于作为贷方的保险公司或金融机构构成严峻的挑战。传统的房产抵押需要抵押专职人员不断往返于金融机构与不动产登记中心，效率较低。同时由于对于抵押专职人员的过度依赖，容易出现道德风险等问题，如抵押落空、抵押置换、复制抵押凭证等，这些有可能对老年人的个人财产造成损害。数字经济的发展能够有效改善这一现状，目前已有部分商业银行推出了房产在线抵押登记服务，银行专职人员不用再往返不动产登记中心办理抵押凭证，在很大程度上提高了房产抵押、查询、修改、注销等一系列操作的效率。

再次，数字化抵押方式可以在三个层面降低抵押服务的风险。第一，抵押凭证的归档不仅成本高昂，还有可能存在丢失、损坏等风险，尤其是对于住房反向抵押贷款这类漫长的抵押贷款。在数字化抵押方式下，住房反向抵押办理完成后，相关电子凭证及文件可以长期保存，有效降低了借贷双方的归档成本与风险。第二，数字化抵押方式通过设置系统上的逻辑校验和抵押经办复核的二级审核，可以有效降低抵押操作风险。第三，数字化抵押方式通过对额度和贷款状态进行校验，可以有效预防房产还存在其他未清偿抵押贷款的情形，联动住房抵押贷款和住房反向抵押贷款。

最后，反向抵押贷款中提前清偿的情形虽不常见，但依旧构成保险公司或金融机构对客户服务的重要内容。传统的线下个人住房贷款业务在办理提前清偿时，客户需按照贷款合同约定或业务受理的相关要求，提前预约并到经办金融机构现场办理。而抵押专职人员在受理后需要查阅客户抵押合同相关条款，根据合同再计算出需提前清偿的具体金额，一系列程序烦琐且耗时。数字经济有效改善了这一状况，目前我国部分商业银行推出了功能全面的个人住房贷款线上清偿服务，客户可通过手机银行等线上渠道申请个人住房贷款的提前清偿，有效解决了异地还款等问题。

“以房养老”与我国的资本税收体系

目前，我国的税收体系仍存在一定问题。我国采用直接税和间接税双主体的税制结构，但直接税占比偏低，资本税制不完善，在很大程度上削弱了税收的财富调节作用，且资本税税种单一，税率偏低且无累进设计，收入税税率反而偏高。在改革开放和工业化初期，资本税的比重低有利于资本的快速积累、各地的招商引资和 FDI 的引入。然而，经过几十年的快速发展，我国的资本快速增长，已初具规模。在这种情况下，过高的劳动税比重会抑制劳动者的工作积极性，拉大贫富差距，不利于共同富裕和中国式现代化的实现。从社会群体的角度来说，年轻人主要依靠自身的人力资本，而老年人主要依靠其早年积累的资本，过高的收入税不利于年轻人的发展，不利于国家的长期经济增长和社会和谐稳定。相比于劳动所得税的高税率，我国的资本税，如对于股利、理财收入等所征收的税率过低，而房产税仅在上海、重庆等地试点，尚未全国推行。

随着我国金税工程的不断推进，借助大数据、云计算和人工智能等现代化信息技术，资本税的税源监控与征管已有了一定的信息技术支持和保障。2020 年，我国全面完善不动产登记制度，在地市级及以上地区统筹建设“互联网 + 不动产登记”体系，从而形成“全面覆盖、上下联动、外网申请、内网办理、信息共享”的不动产登记业务办理系统，基本实现了不动产登记、抵押登记等业务的线上办理。目前，我国公民的个人财产、信用状况及违法犯罪情况均在数据库中有效记录，这在财产信息登记方面为房产税、遗产税等资本税的税源监控打下了坚实基础。专业有效的个人资产评估是资本税征收的重要前提，如同准确的房产价值评估是住房反向抵押贷款运作的重要前提。

然而，在我国资本税的征收与“以房养老”模式的推进一样存在较大的难度。资本税的征收可能会引发潜在的资本外流，部分富人可能会选择移民海外以逃避房产税、遗产税的征收，这种现象在美国、英国、日本等发达国家已经屡见不鲜。

一、房产税

2014 年 11 月，国务院颁布《不动产登记暂行条例》，于 2015 年 3 月起施行。我国居民房产税的征收从 2011 年开始在重庆和上海两地试点，其产生的影响尚不显著。然而，随着不动产登记制度和相关政策、法律、法规的不断完善，全面开征房产税的阻碍会不断减小，房产税的规模和覆盖的地区将逐步增加。很多专家和学者提出，房产税应对老年人、残疾人、退伍军人、低收入或无收入群体设置税收减免政策。以老年人为代表的这类群体缺乏稳定的现金来源，支付能力相对有限，通常还需要支付相对高昂的医疗费用，政府应针对其具体收支和财富情况设置一定额度的税收减免。参照欧美等发达国家和地区，如美国采取“断路器”政策，即关联家庭收入与房产税，当预缴的房产税占家庭次年报税收入比重过高时，予以退税返还或用于下期房产税的抵扣。

我国房产税的逐步推行会对“以房养老”产生一定的影响。房产税在我国较难推行的一个主要原因是老年人的退休收入相对较低，可能很难负担相对高昂的房产税。“以房养老”模式在老年人过世或搬离之前不发生产权转让，因而老年人仍需要支付房产税，这也在一定程度上增加了住房反向抵押贷款的技术违约风险。老年人可能会因为拖欠或无力支付房产税而丧失其房产的产权，同时住房反向抵押合同也会出现违约。但是从另一个角度来说，住房反向抵押贷款为老年人提供了每月稳定的现金流，老年人完全可以用这部分现金收入支付其房产税。从理论上讲，老年人房产的市场价值越高，房产税也越高，而通过住房反向抵押贷款借入的现金收入也越高。因此，对于低收入的老年人，用住房反向抵押贷款的现金流入覆盖房产税不失为一个可行之策。

二、遗产税

与“以房养老”模式相似，遗产税的征收同样与“子承父业”等中国传统观念相冲突。遗产和赠与行为所带来的财富代际传承显著加大了同代人之间的财富差距，遗赠动机在世界各地都存在，而我国跨越代际的传承意愿普遍高于西方社会，因而由遗赠带来的贫富差距也会更大。遗产税的开征有利于发挥税收的再分配作用，更好地实现共同富裕和中国式现代化，但其背后不同群体之间的利益冲突及协调的难度也不容忽视。

世界各国最初开征遗产税主要是出于增加财政收入的考量。同“以房养老”模式一样，近代遗产税起源于1598年的荷兰，随后英国、法国、意大利、日本、德国和美国都相继开征，且征收遗产税的政策目标也逐渐从单纯地增加财政收入转变为促进社会公平、缩小贫富差距、实现共同富裕、促进慈善事业的发展等。遗产税的征管模式一般分为三类。第一类是总遗产税制，即对财产所有人死亡后遗留的财产总额进行综合课征，属于“先税后分”。第二类是分遗产税制，即对各个继承人的遗产分别课征，并根据继承人与被继承人的亲疏关系以及继承人的实际负担能力区别征收，属于“先分后税”。第三类是总分遗产税制（混合遗产税制），即先对被继承人的遗产征收总遗产税，再对继承人所得的继承份额征收分遗产税。考虑到成本、效率等原因，目前世界上实施总分遗产税制的国家较少，大多数国家采取分遗产税制，仅美国、英国、韩国等少数国家采取总遗产税制。总遗产税制在征收方面具有低制度成本、高征管效率的优势，然而“先税后分”模式存在不考虑受遗赠人与遗赠人亲疏关系的问题，因而总遗产税制很难在像中国这样重视宗族文化和亲疏关系的国家推行，这也是世界上大多数国家采用分遗产税制的主要原因，但从简化税制的角度来说，总遗产税制还是具有一定优势的。

美国“以房养老”模式的广泛推行与其相对完善的遗产税征收体系密不可分。美国的联邦遗产税采用总遗产税制，并实行超额累进税率，部分州的政府还另外征收州遗产税或继承税。1976年，为防止部分家庭利用遗产的隔代赠与进行避税，美国还增设了隔代转移税。目前，美国联邦政府对遗产税采取12级超额累进税率，边际税率从18%到40%不等，遗产税的最低免征额从2011年的500万美元逐年提高至2021年的1170万美元。值得注意的是，40%的边际税率意味着最富裕的人群在继承遗产时需要向联邦政府缴纳其将要继承的遗产的接近一半作为遗产税。此外，在联邦遗产税的基础上，美国目前有 12 个州及哥伦比亚特区需要缴纳州遗产税，另有 6 个州需要缴纳州继承税。州遗产税或继承税的边际税率和免征额因州而异，主要有两个特点：一是免征额普遍大幅低于联邦遗产税的免征额；二是最高边际税率为 12% ~ 20%，低于联邦遗产税的最高边际税率。美国是世界各国中遗产税等财政收入较高的国家，2009—2019 年其遗产税的年度收入均值达到 237.7 亿美元。高昂的遗产税在很大程度上削弱了老年人的遗赠动机，更多的老年人选择提高自己的消费水平而非将房产留给子女，这也成为“以房养老”模式在美国成功推行的前提条件。

相较于奉行自由主义的西方社会，日本与我国同属东亚文化圈，代际传承的色彩更为浓厚，因而老年人的遗赠动机较西方国家更强。日本的遗产税征收始于 1905 年，最初的政策目标在于筹集军费。日本从 1958 年开始实施总遗产税制并沿用至今。为避免贫富差距问题，日本实行较为严格的遗产税制，主要分为 8 级累进税率，最高边际税率高达 55%，高于总遗产价值的一半。当然，日本政府也会依据经济社会的发展形势及政府的财政收支情况动态调整遗产税征收体系。例如，2015 年日本为缩小贫富差距同时减小社会保障体系的巨额赤字，降低了遗产税的基础免征额，并将最高边际税率从 50% 提升至 55%。同属东亚国家，韩国从 1950 年开始征收遗产税，实行总遗产税制，采用超额累进税率，自开征至今税率不断降低，同时伴随税率层级的不断简化，税收抵扣的项目和金额也在不断增加。目前，韩国实行 5 级差额累进税率，边际税率为 10% ~ 50%。

“以房养老”广义模式的提出

“以房养老”模式已成为新时代老年人的养老选择之一，对我国养老事业发展有很大的启示，但受老龄人口接受度和具体国情影响，现阶段该政策的推行依然存在争议。"以房养老"在很多国家如美国、日本等已经成为养老体系的重要组成部分，且产品种类丰富、支付方式灵活多样。然而，"以房养老"在我国的尝试收效不甚理想，这主要缘于老年人将房屋作为遗产留给子女的遗赠动机强烈，子女对于房产抵押一般持反对态度，老年人对于"以房养老"产品存在不信任，老年人房屋的产权存在问题（非商品房，难以抵押、交易），金融和保险市场监管不完善，我国房价的过快增长增加了老年人和金融机构进行房价预期的难度。有一些学者认为房产税和遗产税在我国的缺失是阻碍"以房养老"模式在我国推进的首要因素。对于这一问题，张宁等（2020）通过定量化的模型分析，指出房产税和遗产税的征收在超过一定程度的情况下可以促进"以房养老"，但房产税和遗产税过高都是不切实际的[1]，因此具体的政策和实施还有很大的学术研究空间。本书将针对"以房养老"模式的前景与政策建议进行深入系统的研究和探讨。

中国特色的"以房养老"模式并不局限于美国、日本等发达国家所采用的传统的"住房反向抵押贷款"或"倒按揭"模式，本书致力于依据中国具体国情提出更为多样化的"以房养老"模式，如老年人仅仅向保险公司或金融机构让渡房屋的使用权而非产权，让老年人的子女充当住房反向抵押贷款中保险公司或金融机构的角色，如此设计在很大程度上可以扭转现阶段"以房养老"模式在我国推进困难的局面。

"以房养老"的方式多样，"住房反向抵押贷款"是最为典型的一种，此外还有家内售房养老，即家庭内部父母与子女两代人之间的一种房产继承与赡养的特殊方式，父母在世时用拥有的房产向子女出售，以换取养老

---

① 张宁，王燕平，孙晨，等.以房养老的房产税和遗产税影响研究[J].宏观经济研究，2020（2）.

所用的稳定现金流。投房养老，即用钱投资第二套或更多套房产，将房产增值部分或房租收入用于晚年养老。父子合资购房养老，即父母与子女合资购买住房后，与子女共享房屋产权，父母首先享受该住房的使用权，身故后将住房遗留给子女继承。父子接力贷款购房养老，即老年父母希望贷款购买住房，由于银行贷款已超出年龄，故与子女一起向银行申请贷款买房，而房贷本息也由父母和子女接力合作偿还。老年社区或老年公寓养老，老年人选择入住老年公寓或大型老年社区，将原有住房抵押、出租或售卖，其收入用于支付房租和生活护理等各项费用。遗赠抚养养老，对于无儿无女的孤寡老人，可以与相关机构或个人签订房产与养老合同，由对方尽自己有生之年的赡养义务，待到身故后将自己的遗留房产和其他财产赠与抚养人作为补偿。

中国住房发展目前已进入总量平衡阶段，大多数人可以通过住房市场解决其住房问题，但在人口净流入量相对较大的北京、上海、广州、深圳等大城市，住房存量仍存在较大的缺口，特别是新市民、青年人的住房问题比较突出，这主要反映在过高的租金或过长的通勤时间上。老年人的异地养老可以有效解决这一问题，老年人搬到城郊，将市中心的住房留给青年人方便其工作，可以有效减少青年人的通勤时间。异地养老，即老年人在大城市周边生态环境相对优越的地域，购入相对便宜的新住房，自愿从市中心搬离至城郊进行养老，将原来位于市中心的住房出租或售卖，从而形成稳定的现金流进行养老。这种养老方式在欧美等发达国家和地区较为流行，老年人在退休后会逐步搬离市中心，将市中心的地段留给需要上班的年轻人。这种养老方式在我国的推广仍难度较大，主要原因来自三方面。首先，我国尤其是大城市居民的汽车占有率较低，大部分的老年人家庭甚至没有汽车，住在城郊显著提高了无车家庭的生活成本，极大地削弱了生活的便利程度。其次，我国城市的医院多分布在市中心，住在城郊大幅增加了老年人看病的成本和难度。最后，房产税在我国尚未全国推行。在欧美等发达国家和地区，房产税依据房屋的市场价格收取，老年人缺乏来自工作的稳定现金流，难以支付市中心房屋高昂的房产税，而选择搬到房产税相对低廉的城郊房屋，从而将市中心的位置留给需要工作的年轻人。

第八章

家庭资产配置与中国老年人健康研究

家庭资产配置与中国老年人健康研究的数据选择

中国老年人健康与家庭资产配置的研究主要使用宏观和微观两个层面多个不同来源的数据分别开展实证研究，最后进行汇总比较。

一、跨国宏观数据

（1）世界银行数据库

该数据库提供世界 200 多个国家和地区的时间序列数据，且涵盖丰富的发展中国家数据。世界银行数据库提供了 1960—2018 年 200 多个国家和地区的人均预期寿命数据。

（2）Trading Economics

Trading Economics 是一个提供历史数据、经济预测和投资建议的网上平台，该平台公布了美国、日本和新加坡等 46 个国家的房屋拥有率和房价指数数据。

（3）经济合作与发展组织（Organisation for Economic Cooperation and Development，OECD）数据库

OECD 是由市场经济国家组成的政府间国际经济组织，OECD 数据库公布了 37 个 OECD 国家的房屋拥有率和房价指数数据。

二、微观住户调查数据

国内外利用家庭微观调查数据研究健康与资产配置的文献所选用的微观数据主要来源于 CHARLS、CHNS、CFPS、CHFS、CHIPS 和 UHS 这几个数据库。

（1）中国健康与养老追踪调查（China Health and Retirement Longitudinal Study，CHARLS）数据库[①]

该调查旨在收集一套代表中国 45 岁及以上中老年人家庭和个人的高质量微观数据。CHARLS 全国基线调查于 2011 年开展，目前已有 2011 年、2013 年、2015 年和 2018 年共 4 轮家户调查数据。

（2）中国健康和营养调查（China Health and Nutrition Survey，CHNS）数据库[②]

该调查旨在研究中国家庭和个人的健康和营养情况，是一个长期调查项目。CHNS 始于 1989 年，随后于 1991 年、1993 年、1997 年、2000 年、2004 年、2006 年、2009 年、2011 年和 2015 年进行追踪调查。该调查采用多阶段随机分层抽样方法，样本覆盖了中国东部、中部、西部地区的 12 个省、市、自治区。

（3）中国家庭追踪调查（China Family Panel Studies，CFPS）数据库[③]

该调查旨在通过跟踪收集个体、家庭、社区三个层面的数据，反映中国社会、经济、人口、教育和健康的变迁。CFPS 样本覆盖 25 个省、自治

① CHARLS 数据库是由北京大学国家发展研究院主持、北京大学中国社会科学调查中心与北京大学团委共同执行的大型跨学科调查项目，是国家自然科学基金委资助的重大项目。

② CHNS 数据库是由美国北卡罗来纳大学教堂山校区的卡罗来纳州人口中心（the Carolina Population Center at the University of North Carolina at Chapel Hill）和中国疾病控制和预防中心的国家营养和食品安全所（the National Institute of Nutrition and Food Safety, and the Chinese Center for Disease Control and Prevention）合作建立的一个数据库。

③ CFPS 数据库由北京大学中国社会科学调查中心（ISSS）建立，是北京大学和国家自然基金委资助的重大项目。

区、直辖市，目标样本规模为16000户，于2010年开始基线调查，现已有2010年、2012年、2014年、2016年和2018年共5轮具有全国代表性的调查数据。

（4）中国家庭金融调查（China Household Finance Survey，CHFS）数据库①

该调查旨在收集有关家庭金融微观层次的信息，主要包括住房资产与金融财富、负债与信贷约束、收入与消费、社会保障与保险、代际转移支付、人口特征与就业以及支付习惯等相关信息。现已在2011年、2013年、2015年和2017年成功开展了4轮全国范围的家庭随机抽样调查。

（5）中国居民家庭收入调查（Chinese Household Income Project Survey，CHIPS）数据库②

该调查旨在收集关于中国家庭和个人的工作、收入、资产等方面的数据，采用随机抽样方法。该数据具备全国代表性，含有丰富的家庭资产、社会保障、社会人口学特征等信息。目前已收集1988年、1995年、2002年、2007年和2013年共5年的收支信息以及其他家庭和个人信息。

（6）中国城镇住户调查（Urban Household Survey，UHS）数据库③

该数据旨在调查城镇家庭及成员的基本信息、城镇居民家庭现金收支、消费支出、非现金收入等情况。UHS每年在全国范围内使用分层抽样方法进行随机抽样，时间跨度为1986—2007年，但UHS并没有对城镇住户进行完整的追踪调查，而是对被调查城镇中的经常性调查户每年轮换1/3，即每年有1/3的调查户退出调查，再从大样本中抽选新调查户替代。

---

① CHFS数据库的数据来源于由西南财经大学中国家庭金融调查与研究中心开展的调查项目。

② CHIPS数据库的数据来源于国家统计局农调总队和中国社会科学院经济研究所共同开展的入户调查项目。

③ UHS数据库的数据来源于国家统计局城调总队的调查项目。

家庭资产配置与中国老年人健康研究的实证证据

一、实证分析

本书的实证分析部分基于 Hu 和 Li（2021）的研究构建[①]。本书作者的工作论文 *Health, housing and portfolio of the elderly in China*（合作者为张鹏龙、朱国钟）曾被特邀在 2019 年世界计量经济学会中国年会上汇报。该工作论文使用 2011 年、2013 年和 2015 年的中国健康与养老追踪调查（CHARLS）数据得出以下结论。（1）中国老年家庭的户主年龄和房屋拥有率之间存在负相关关系，这种关系在地区和退休前工作的行业层面存在显著的异质性。（2）老年家庭的户主年龄和其死亡率显著正相关，这种相关性同样在地区和行业层面存在异质性。（3）老年家庭户主年龄和家庭资产中房产的份额呈现正相关关系，这种相关性同样在地区和行业层面存在异质性。该工作论文通过构建包含健康和房产的生命周期模型进行反事实分析，发现将医疗价格降低 30%（或医疗保险覆盖范围增加 30%），我国老年人的死亡率会降低 10% ~ 33%，同时，该论文指出，医疗价格的降低（或医疗保险的完善）会显著减少中国老年人家庭的财富积累，说明中国现存的相对高昂的实付医疗费用及相对不完善的医疗保险制度是老年人储蓄的重要推动力[②]。

该工作论文的实证研究部分发现了一些中国特有的现象，值得进一步讨论。图 8-1 显示了不同年龄组中国老年人健康状况与房产在家庭资产组合中所占比重的相关关系，不难发现我国健康状况欠佳的老年人会更多地

---

① Yushan Hu, Ben G. Li. The production economics of the economics production[J]. Journal of Economics & Management Strategy, 2021, 30(1): 228–255.

② Yushan Hu, Penglong Zhang and Guozhong Zhu. Health, housing and portfolio of the elderly in China, Working Paper, 2022.

选择投资房地产，这与欧美等发达国家和地区显著不同[1]。由于房地产投资的流动性低、风险大等性质，欧美健康状况差的老年人会选择更少地持有房产，更多地持有存款和股票等流动性相对较高的产品，因而引申出了一系列研究问题。

第一组是基本理论问题和方法论问题：为什么在中国健康状况相对较差的老年人会更多地选择持有房产？房价是否会影响老年人的健康状况？房价影响老年人健康状况的机制是什么？“以房养老”的传导机制是什么？中外“以房养老”的模式有何不同？未来中国的房市价格泡沫若破裂会对老年人的健康造成何种影响？

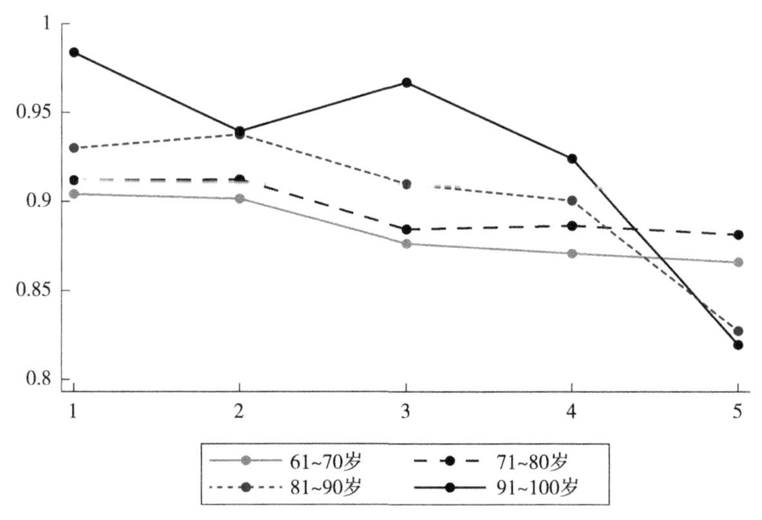

图 8-1　健康状况与房产在资产组合中所占的比重

注：横坐标为个人自我汇报的健康状况，1 代表非常不好，2 代表不好，3 代表一般，4 代表好，5 代表非常好；纵坐标为房产在资产组合中所占的比重。

资料来源：Yushan Hu, Penglong Zhang and Guozhong Zhu, Health, housing and portfolio of the elderly in China, *Working Paper*, 2022.

---

① Rosen 和 Wu（2004）分析了美国健康与退休研究（Health and Retirement Study，HRS）的数据，发现通过健康状况可以很好地预测家庭资产组合配置，即健康状况较差的家户不太可能持有高风险资产。Yogo（2016）同样使用美国的 HRS 数据进行了研究，发现健康状况欠佳的美国老年人会更多地选择投资低风险资产，如储蓄、债券等。

第二组是具体实验方法问题：跨国宏观数据应当如何收集？微观家庭调查数据应当如何选取和处理？应当选取哪些工具变量和自然试验？包含健康和房产的理论模型应当如何构建？如何在生命周期模型中引入遗赠动机？应当做哪些反事实分析？

第三组是政策问题："以房养老"模式的政策含义是什么？中央和地方政府应当如何推进"以房养老"模式？商业银行和相关金融机构应当做出哪些房屋贷款方面的政策配合？保险公司和金融机构应当推出哪些针对老年家庭的保险和金融产品？

二、实证分析中的内生性问题及解决方法

本节将使用工具变量法和自然试验法两种研究方法来解决房价与健康之间的内生性问题。具体而言，包括以下几种研究房价的工具变量和自然试验可以选择。本节致力于对这些已有的和本节提出的工具变量和自然试验进行分析比较，总结各工具变量和自然试验的优势与缺陷，为关于房价的实证研究提供一定的参考和借鉴。

（一）工具变量法

（1）都市统计区的房屋供给弹性

Mian 和 Sufi（2011）使用都市统计区的房屋供给弹性来解决房价上涨和信用卡以及家庭债务之间的内生性问题，房屋供给弹性大的地区往往经历更少和更短的房市泡沫期（Glaeser et al., 2008）[①]，而房屋供给弹性小的地区在受到住房需求冲击时会发生相对剧烈的房价波动，因而房屋的供给弹性与房价相关，而相对于信用卡以及家庭债务却是外生的。

① Glaeser, Edward L., Joseph Gyourko, and Albert Saiz. Housing supply and housing bubbles[J]. Journal of Urban Economics, 2008, 64(2): 198–217.

（2）政府土地供给

陈斌开和杨汝岱（2013）使用工具变量政府土地供给来解决住房价格与居民储蓄之间的内生性关系问题[①]。本节可以借鉴此工具变量，我国人均建设用地指标受到中央政府的严格管控，因而土地供给是外生的。自 2004 年全面“招拍挂”以来，地方政府成为土地供给的垄断者，土地开发面积大幅下降，而房价则迅速上涨，且土地开发面积与住房价格呈现出高度的负相关性。

（3）住房财富增值

陈永伟等（2014）用住房财富增值，即家庭拥有的住房总值同购房成本之间的差值作为工具变量来解决用住房财富解释家庭教育时可能存在的内生性问题。这里的一个重要假设是我国住房价值的发展是出乎人们预料的[②]。陈永伟等（2014）认为，我国的房地产市场受政策的影响较大，即使是专业的研究人员也难以对其变化进行精准预测，且住房市场作为一个参与者众多的市场，单个购房者无法对其价格进行控制和操纵。

（4）城市层面供应普通商品住房用地面积

与政府土地供给相类似，周广肃和王雅琦（2019）使用工具变量城市层面供应普通商品住房用地面积来研究住房价格与中国家庭信贷行为之间的内生性关系[③]。城市供地面积与房价密切相关，且外生于中国家庭的信贷行为，因而满足工具变量的相关性和外生性两个条件。

---

① 陈斌开，杨汝岱 . 土地供给、住房价格与中国城镇居民储蓄 [J]. 经济研究，2013（1）.

② 陈永伟，顾佳峰，史宇鹏 . 住房财富、信贷约束与城镇家庭教育开支——来自 CFPS2010 数据的证据 [J]. 经济研究，2014（S1）.

③ 周广肃，王雅琦 . 住房价格、房屋购买与中国家庭杠杆率 [J]. 金融研究，2019（6）.

（5）拆迁户

伴随着改革开放以来快速的城镇化进程，我国多地实施了拆迁。拆迁主要由地方政府的规划决定，微观家户本身无法事先控制是否拆迁以及回迁房的位置，因而拆迁的内生性只存在于地域层面，对于家户来说完全是外生的。而回迁房与正常购买的商品房没有本质区别，其价值随周边房价的增长而增长，因而拆迁户可以被作为用来避免健康与房价之间内生性的工具变量。

（二）自然试验法

（1）"限购令"

自 2010 年 4 月 30 日北京出台"国十条实施细则"以来，已相继有 49 个地级以上城市对购房实施"限购令"。我国目前统一实施的基本"限购令"为本市户籍居民家庭（含部分家庭成员为本市户籍居民的家庭），限购 2 套住房；能够提供在本市 1 年以上纳税证明或社会保险缴纳证明的非本市户籍居民家庭，限购 1 套住房。"限购令"直接影响房价，从调控手段的角度来说，在投机者大量进军房市的现实条件下，多地区的房市出现大幅"降温"。另外，"限购令"属于行政命令，不会对家户的健康状况造成影响。

（2）住房抵押贷款

根据中国家庭金融追踪调查（CHFS），家庭房贷参与率为 16.5%，远高于次高的家庭经营信贷的 5.2%。按照统一口径计算的城镇地区住房空置率由 2011 年的 18.4% 逐步提升至 2017 年的 21.4%，且二线、三线城市的空置率显著高于一线城市[①]。自 2011 年 1 月起，国务院要求各金融机构对房贷实现差别化信贷，对购买首套房的买房者，贷款首付款比例不得低于

① 甘犁 . 2017 中国城镇住房空置分析 [M]. 成都：西南财经大学出版社，2017.

30%；对贷款购买第二套住房的家庭，贷款首付比例不得低于 60%，利率不得低于基准利率的 1.1 倍；对贷款购买第三套及以上住房的家庭，贷款首付款比例和贷款利率大幅度提高，具体数值根据商业银行风险管理原则自主确定。这条政令的颁布和实施，大幅降低了房地产市场的杠杆率，压低了家户的支付能力，抑制了住房需求和房价的过快增长。房贷的差别化信贷亦属于行政命令，不会影响家户的健康状况。

（3）交通的贯通

民航、铁路或公路的贯通可以被视为自然试验，飞机航线由航空公司决定，而高铁或地铁的线路也主要由地方的规划部门决定，在家户层面上是无法预期的，因而是外生的。Tian et al.（2020）通过研究杭州的房屋交易数据发现，地铁开通可以为其影响范围内的住宅带来约 2.3% 的房价增长幅度[①]。

本节理论模型的构建基于 Yogo（2016）的研究，在生命周期模型中，退休者面临随机健康贬值，他们需要通过选择消费、健康支出，以及由债券、股票和房产构成的财富组合以实现自身效用的最大化。Yogo（2016）发现，股票在资产份额中所占的比重总体偏低且与健康状况正相关，尤其是对于相对年轻的退休者。对于相对年轻的退休者来说，资产份额中的房产与健康负相关且随年龄显著下降。另外，实际医疗支出占收入的份额与健康呈现负相关关系且其相关性随年龄增长而增大。

在此基础上，本节将结合中国具体国情，加入跨地区和跨行业的异质性，构建一个考虑健康、死亡率、房产、实际医疗支出和家庭资产配置的生命周期模型。

---

① Chuanhao Tian, Ying Peng, Haizhen Wen, Wenze Yue, and Li Fang. Subway boosts housing values, for whom: A quasi-experimental analysis[J]. Research in Transportation Economics, 2020.

家庭资产配置与中国老年人健康的动态分析

一、家庭健康与医疗状况的随机过程分析

为对家庭医疗支出、健康状况和健康投资的不可观测的扰动项有更进一步的认识，本节参照 Hu 和 Zhang（2021）的研究[①]，对这三个被解释变量分别进行了 AR（1）过程估计，以探究医疗支出冲击、健康状况冲击和健康投资冲击的持续性。本节所采用的 AR（1）过程估计模型为：

$$y_{it}=\rho y_{i,t-1}+u_{it},\quad i=1,2,\cdots,n,\quad t=1,2,\cdots,n,\quad u_{it}\sim i.i.d.\left(0,\sigma_u^2\right) \qquad (8\text{–}1)$$

y_{it} 为期面板随机效应估计的残差，同理 $y_{i,t-1}$ 为 $t-1$ 期面板随机效应估计的残差，u_{it} 为 AR（1）过程估计的残差，下标 i 表示特定的受访者，下标 t 表示特定的受访年份，ρ 代表自相关系数（$0<\rho<1$），自相关系数 ρ 和方差 σ_u^2 共同衡量了扰动（风险）的强度（大小）和持续性。本节对医疗支出的残差项、健康状况的残差项和健康投资的残差项分别进行了 AR（1）过程估计，具体估计结果见表 8–1。

表 8–1　医疗支出、健康状况和健康投资的 AR（1）过程估计结果

统计量 \ 变量名	Ln（医疗支出）	健康状况	Ln（健康投资）
	（1）	（2）	（3）
相关系数 ρ	0.147*** （0.038）	0.216*** （0.036）	0.159*** (0.054)
常数项	-1.316*** （0.130）	3.428*** （0.171）	-0.526*** (0.079)
u 的方差 σ_u^2	8.129	1.044	3.351

① Yushan Hu, Penglong Zhang. Semiparametric estimation of partially varying trade elasticities[J]. Economics Letters, 2021.

续表

统计量 \ 变量名	Ln（医疗支出）	健康状况	Ln（健康投资）
	（1）	（2）	（3）
观测值	1400	1466	1512
F 统计量	14.58	35.29	8.59
Prob > F	0.000***	0.000***	0.003***
R-squared	0.021	0.046	0.011
Adj R-squared	0.019	0.045	0.010
Root MSE	2.853	1.022	1.832

注：括号内为回归系数的标准误，上标 *** 表示 1% 的统计显著性。σ^2_u 为 u 的方差值，并非回归估计量。（1）列为医疗支出对数值残差的 AR（1）过程估计，（2）列为健康状况残差的 AR（1）过程估计，（3）列为健康投资对数值残差的 AR（1）过程估计。

总体而言，这三组最小二乘回归方程的整体拟合度都很好，回归系数的 F 统计量检验值也非常显著。本文对医疗支出、健康状况和健康投资这三个被解释变量的相关系数进行了比较，发现健康状况的残差项所存在的一阶自相关性最大，其次是健康投资，最小的则是医疗支出。下文分三部分对医疗支出、健康状况和健康投资的面板随机效应回归残差及其置信区间进行深入的探讨，并对这三个被解释变量的 AR（1）过程估计结果逐一进行分析和讨论。

（一）医疗支出冲击的一阶自回归分析

为了对医疗支出冲击有更为清晰和直观的认识，本节绘制了医疗支出对数值的全样本残差及其置信区间图，见图 8-2。

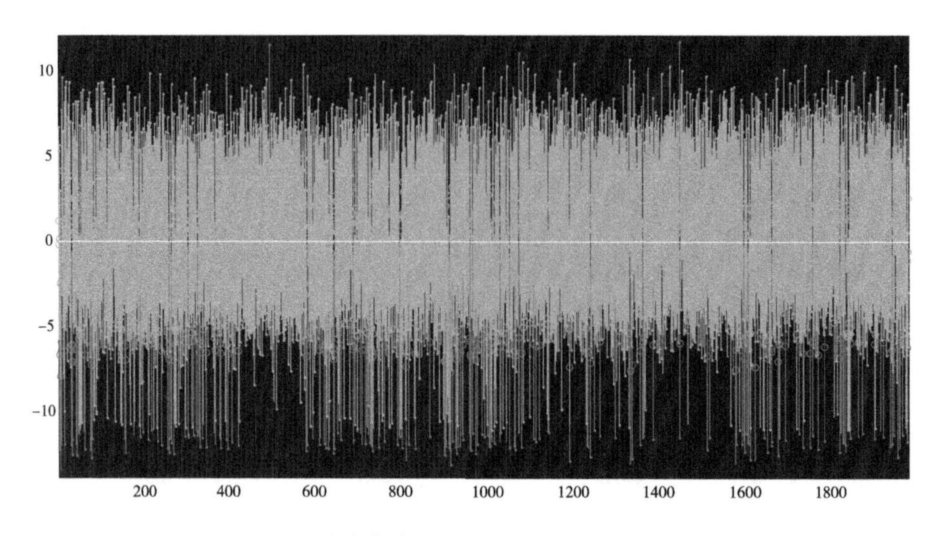

图 8-2 医疗支出对数值的全样本残差及其置信区间

注：横坐标为医疗支出对数值全样本残差的个数（单位：个），纵坐标为医疗支出对数值的残差（单位：元）。图中的深灰色部分为正常范围内的扰动，浅灰色部分为异常扰动。

从图 8-2 中可以发现，医疗支出对数值的残差较为集中，异常扰动基本反映为负向扰动，这可能源于我国近年来大力推进的医疗制度改革。我国的医疗保障制度是城乡分离的，在城镇地区，我国从 2007 年开始进行城镇居民基本医疗保险试点，城镇居民基本医疗保险采取以家庭缴费为主、政府适当补助的筹资方式。截至 2009 年底，全国所有地级城市均已建立城镇居民基本医疗保险制度，参保居民达 1.81 亿人。到 2010 年，各级财政对城镇居民基本医疗保险的补助标准已提高至每人每年 120 元，与此同时，我国的城镇居民医保政策范围内的住院报销比例也得到了有效提高，城镇居民基本医疗保险最高支付限额也相应地大幅调高。在农村地区，新型农村合作医疗制度不断巩固，2012 年农民基本医疗保险筹资标准增加到 300 元左右，住院费用报销比例和最高支付限额得到提高，并且逐步覆盖到重大疾病，参保农民自付医药费用比例下降到 49.5%，灾难性医疗卫生支出比例下降到 13.8%。另外，人均基本公共卫生服务补助经费提高到 25

元，我国农村地区长期存在的“看病贵、看病难”问题得到了有效缓解，这些共同促使我国的医疗支出冲击减小甚至出现大量的负向冲击。

由上文中的表 8-1 可知，我国家庭医疗支出残差的相关系数仅为 0.147，低于家庭收入残差的相关系数，同时也低于美国等西方发达国家的医疗支出系数，这在一定程度上可以说明我国的医疗支出存在较大的不确定性。本书认为，许多原因共同造成了我国家庭医疗支出存在较大不确定性的结果。

首先，收入的不确定性往往引起消费支出的不确定。国内外许多文献都已证实，相比欧美和日本等发达国家和地区，我国的收入存在着较大的不确定性。20 世纪 90 年代以来，国有企业、住房、医疗和教育等体制改革逐步推进，我国处于经济体制转轨的过程中，在居民收入差距日益扩大的同时，我国居民收入的不确定程度也在不断提高，这直接导致支出的不确定性。为应对这种不确定性，我国居民通常倾向于加强预防性储蓄，因而我国的储蓄率一直居高不下。

其次，相比于发达国家，我国的医疗保险制度存在一些问题。其一是参保意识不强，近些年，我国的参保率有了大幅提高，但依然存在宣传工作不到位、宣传形式单调等问题，我国居民的参保意识有待提高。其二是管理机制有待完善，网络平台的建设需要加强，居民中仍会出现无病不参保、有病才参保和大病参保多的情形。其三是参保人员有水分，由于监管体制不够健全，医疗保险部门为完成上级下达的参保人员名额任务，争取更多的上级补助资金用以弥补医保基金的不足而虚报参保人数的现象时有发生。其四是医疗卫生体制改革与医疗保险制度改革配套性不高，随着政府对国有医院的补贴逐渐减少，医院的主要收入变为经营收入，追求经济效益最大化可能会成为医院的经营动机，从而导致医疗资源分配不合理等问题，我国的医疗保险制度应更好地与医疗体制改革配套，尽最大可能缓解这些问题，尽量避免医院大处方、冒名顶替住院、“挂床住院”（“假住院”）等现象的发生。

这些都共同促使我国的医疗支出相比于欧美和日本等发达国家和地区具有更强的不确定性。

（二）健康状况冲击的一阶自回归分析

本节绘制了反映健康状况冲击的健康状况的全样本残差及其置信区间图，见图 8–3。

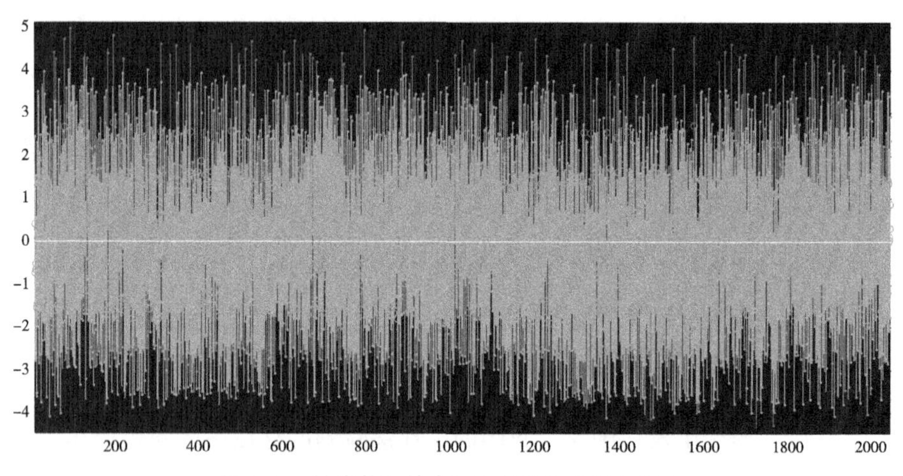

图 8–3　健康状况的全样本残差及其置信区间

注：横坐标为健康状况全样本残差的个数（单位：个），纵坐标为健康状况的残差。图中的深灰色部分为正常范围内的扰动，浅灰色部分为异常扰动。

由图 8–3 可知，健康状况的残差同样较为集中，异常扰动主要反映为正向扰动，这应当是几方面的原因共同作用的结果。首先，与上文中提到的医疗支出相似，健康状况的正向冲击在很大程度上源于近些年来大力推进的医疗体制改革，医疗状况的改善直接促使居民健康水平得到提升。其次，我国的社会保障水平，尤其是女性的社会保障水平有了明显的提升。根据全国妇联公布的数据，2011 年非农业户口的女性中，享有社会医疗保障的比例已提升至 87.6%，享有社会养老保障的比例也高达 73.3%。而农业户口的女性中，享有社会医疗保障的比例甚至达到95%，享有社会养老保障的比例为31.1%。社会保障水平的快速提升使我国妇女的健康状况明显改善，尤其是农村妇女的生育健康水平大幅度提高。

从表8-1中可以发现，健康状况的自相关系数为0.216，显著高于其他两个被解释变量的自相关系数，这说明健康状况冲击相对于医疗支出冲击和健康投资冲击更富有持续性，这可能源于Finkelstein等（2009）所提出的健康状况存在着状态依赖（State Dependence）的本质特征，因而本书认为健康状况确实具有不确定性，但是这种不确定性并不是非常大。

（三）健康投资冲击的一阶自回归分析

与上文医疗支出和健康状况的情况类似，本节绘制了反映健康投资冲击的健康投资对数值的全样本残差及其置信区间图，见图8-4。

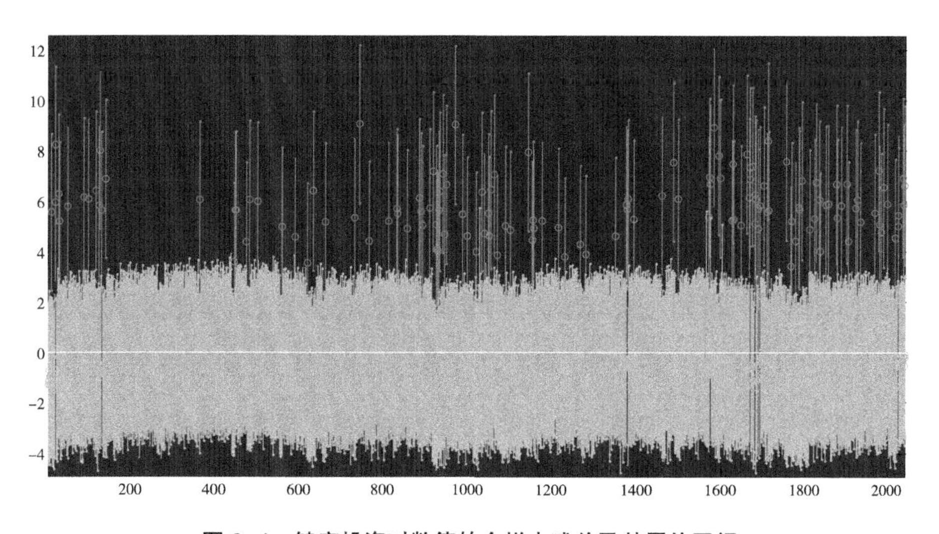

图8-4 健康投资对数值的全样本残差及其置信区间

注：横坐标为健康投资对数值全样本残差的个数（单位：个），纵坐标为健康投资对数值的残差（单位：元）。图中的深灰色部分为正常范围内的扰动，浅灰色部分为异常扰动。

从图8-4中可以发现，健康投资对数值的全样本残差的情况与医疗支出对数值和健康状况的残差情况有着较为显著的不同，异常扰动项的数量较多且较为明显地偏离正常扰动范围，另外可以观察到，异常扰动基本全部为正向扰动，这可能缘于我国居民尤其是中老年居民健康意识的不断增强。近些年来，我国居民的收入水平有了大幅提升，且政府也在不断通过电视、广播、标语、杂志、书籍等方式传播健康信息，对居民进行健康教育、健康培训，正是在此基础之上，"花钱买健康"的观念越来越深入人心，体育健身业也如雨后春笋般迅猛发展，各种不同品牌、不同功能的保健品也风靡各大超市，健康投资已经成为我国居民新的消费热点。

通过表 8-1 可以发现，健康投资的自相关系数仅为 0.159，略大于医疗支出的自相关系数，这说明健康投资冲击的持续性并不是很强。值得注意的是健康状况的自相关系数，而医疗支出冲击和健康投资冲击的持续性差不多且并不是很强，这可能是因为医疗支出和健康投资同属衡量家庭支出的经济变量，在一定程度上受到短期经济周期的影响，所以冲击的持续性具有一定的相似性。

二、家庭健康与医疗状况的分组分析

为了对家庭健康和医疗状况的 AR（1）过程有更进一步的认识，本书采用（8-1）式的 AR（1）过程估计模型分别对医疗支出、健康状况和健康投资进行了样本分组分析，不仅将全样本按照户口变量分为城镇（非农业）和农村（农业）两组，还将全样本分为体制内和体制外两组。城镇与农村两组医疗支出、健康状况和健康投资的 AR（1）过程估计结果对照情况见表 8-2。

总体而言，在这 12 组最小二乘回归方程中，有 9 组的整体拟合度非常好，回归系数的 F 统计量检验值也非常显著，体制外人群和农村人群的健康投资回归方程整体拟合度较为理想，城镇人群的健康状况回归方程整体拟合结果并不是非常理想。

表 8-2　医疗支出、健康状况和健康投资 AR（1）过程城镇与农村估计结果的对照

统计量＼变量名	Ln（医疗支出）		健康状况		Ln（健康投资）	
	城镇	农村	城镇	农村	城镇	农村
相关系数 ρ	0.254*** （0.084）	0.109** （0.043）	0.089 （0.073）	0.249*** （0.042）	0.227** （0.107）	0.098 （0.064）
常数项	-1.138*** （0.285）	-1.316*** （0.130）	4.077*** （0.347）	3.259*** （0.196）	-0.349 （0.213）	-0.607*** （0.080）
观测值	344	1056	354	1112	360	1152
F 统计量	9.16	6.48	1.48	35.45	4.50	2.32
Prob > F	0.003***	0.011**	0.225	0.000***	0.035**	0.129
R-squared	0.051	0.012	0.008	0.060	0.025	0.004
Adj R-squared	0.046	0.010	0.003	0.059	0.019	0.002
Root MSE	3.174	2.740	0.949	1.042	2.541	1.546

注：括号内为回归系数的标准误，上标 *** 和 ** 分别表示 1% 和 5% 的统计显著性。（1）列为医疗支出对数值残差的 AR（1）过程估计，（2）列为健康状况残差的 AR（1）过程估计，（3）列为健康投资对数值残差的 AR（1）过程估计。

体制内与体制外两组医疗支出、健康状况和健康投资的 AR（1）过程估计结果对照情况见表 8-3。

表 8-3　医疗支出、健康状况和健康投资 AR（1）过程体制内与体制外估计结果的对照

统计量＼变量名	Ln（医疗支出）		健康状况		Ln（健康投资）	
	体制内	体制外	体制内	体制外	体制内	体制外
相关系数 ρ	0.251*** （0.088）	0.114*** （0.042）	0.150** （0.076）	0.232*** （0.041）	0.226** （0.097）	0.108 （0.068）
常数项	-1.275*** （0.304）	-1.334*** （0.142）	3.780*** （0.353）	3.342*** （0.195）	-0.407** （0.190）	-0.582*** （0.088）
观测值	308	1092	314	1152	324	1188
F 统计量	8.19	7.23	3.91	31.43	5.40	2.51
Prob > F	0.005***	0.007***	0.050**	0.000***	0.021**	0.114
R-squared	0.051	0.013	0.025	0.052	0.033	0.004

续表

变量名 统计量	Ln（医疗支出）		健康状况		Ln（健康投资）	
	体制内	体制外	体制内	体制外	体制内	体制外
Adj R-squared	0.045	0.011	0.018	0.050	0.027	0.003
Root MSE	3.175	2.755	0.927	1.047	2.172	1.729

注：括号内为回归系数的标准误，上标 *** 和 ** 分别表示 1% 和 5% 的统计显著性。（1）列为医疗支出对数值残差的 AR（1）过程估计，（2）列为健康状况残差的 AR（1）过程估计，（3）列为健康投资对数值残差的 AR（1）过程估计。

（一）医疗支出冲击一阶自回归的分组分析

由表 8-2 可知，城镇居民医疗支出残差的一阶自相关系数为 0.254，而农村居民的相关系数仅为 0.109，远低于城镇居民相关系数，这说明城镇居民面临的医疗支出冲击的持续性要远大于农村居民；这继而表明，城镇居民所面临的医疗支出不确定性要显著低于农村居民。本书认为，造成这一回归结果的重要原因是我国如今普遍存在的医疗保险层面上的城乡差异性。

我国目前的医疗保险体系主要由城镇居民医疗保险、城镇职工医疗保险和新型农村合作医疗保险三部分组成。由于我国长期受到由户籍制度造成的城乡二元经济结构和城乡二元社会结构的影响，医疗保险制度的城乡分治问题较为严重。我国在计划经济时期已经形成了城乡二元医疗体制结构，城镇居民可以享有较为完整的医疗保险，而农村居民只能享有人民公社提供的较低水平的医疗保险。在改革开放以后，以城市建设为中心的指导思想使大量资金投入城镇医疗保险体系的建设中，而农村居民面临的则是人民公社解体后失去以公社为主体的医疗保险体系，即我国农村的医疗保险体系在很长一段时间内出现了空白。近些年随着我国政府对农村发展建设投入的逐步加大，新型农村合作医疗保险快速推广，农村医疗保险体系的空缺在很短时间内再次被填补。相比于较为完善的城镇居民医疗保险制度和城镇职工医疗保险，新型农村合作医疗保险在赔付率和赔付额度方面存在一定差距。

要从根本上改变这一现状，就要建立统筹城乡的医疗保险体系，这个问题已经广泛引起学界和实际工作部门的关注。2008 年，党的十七届三中全会通过的《中共中央关于推进农村改革发展若干重大问题的决定》提出，到 2020 年我国基本建立城乡经济社会发展一体化的体制机制，要把加快形成城乡经济社会发展一体化新格局作为根本要求。对于城乡医疗保险体系的统筹问题，在实施层面已经出现不少有见地的研究成果和实践经验。然而，在建设统筹城乡的医疗保险体系的过程中还有很多实际且具体的问题需要深入考虑，如新农合和城镇居民医保的衔接，究竟是应当前者并入后者，还是应当后者并入前者？统一管理究竟应当由政府哪个部门来主要负责？政府如何进行政策补助，筹资和待遇水平如何确定？等等。对这些问题进行考量时必须充分权衡公平和效率。这些制度的调整将切实涉及居民实际利益的交割和分配，是需要慎重思考和谨慎实践的。

医疗保险层面的城乡差异性并不是导致农村居民医疗支出不确定性显著偏高的唯一因素，农村地区每千人医疗卫生机构床位数与城市地区相比仍有较大差距；农村地区每千人拥有的执业（助理）医师的人数和每千人拥有的注册护士的人数均低于城市地区，这些都在不同层面上反映出农村地区的医疗供给远低于城市地区，医疗供给的短缺在一定程度上制约了农村居民的正常医疗支出，增加了其医疗支出的不确定性。

另外，从表 8–3 中可以发现，工作单位属于体制内的人群医疗支出残差的一阶自相关系数为 0.251，而工作单位属于体制外的人群医疗支出残差的相关系数为 0.114，显著低于体制内的人群，这意味着体制内人群医疗支出冲击的持续性远高于体制外人群，也就是说体制外人群相比体制内人群拥有更大的医疗不确定性。本书认为，造成这种现象的主要原因是体制内人群的医疗保障水平普遍高于体制外人群。

医疗保障政策包括医疗社会保险、互助保险、合作医疗、医疗救助等，我国的医疗保障政策经过多年的实践已取得一定的成绩，然而不公平现象依然存在。我国的医疗保障主要覆盖国有企业、机关事业单位等体制内人员，对于其他类型企业的员工、城市弱势群体、低收入群体、下岗及失业人员、残疾人和孤寡老人、外来务工人员等的医疗保障有待进一步加强，这在很大程度上增加了体制外人群的医疗支出不确定性。

要推进医疗保障体系的公平性建设，政府应当致力于扩大医疗保障体系的覆盖面，努力让所有社会成员拥有享受医疗卫生服务的同等机会，使医疗保障不受收入水平、支付能力和工作单位性质的限制。另外，政府还应加强制度建设，对低收入家庭和居民进行适当的医疗救助和医疗补贴。

（二）健康状况冲击一阶自回归的分组分析

由表 8-2 可知，农村居民健康状况残差的一阶自相关系数为 0.249，而城镇居民健康状况的 AR（1）过程回归系数并不是非常显著，因而本书选用全样本健康状况残差的相关系数与农村居民的相关系数进行对比。由表 8-1 可知，全样本的相关系数为 0.216，这间接反映出农村居民面临的健康状况冲击的持续性要高于城镇居民，即相比于农村居民，城镇居民存在更多的健康状况不确定性。这一结论并不是非常符合人们的直观认识，从理论上说，无论是收入水平、财富水平，还是社会保障水平、医疗保障水平城镇居民都要高于农村居民，出现这一悖论，本书认为是由几个隐含的重要原因共同导致的。

首先，本书用于衡量健康状况指标的数据来源于受访者的自我主观评价，存在受访者对自身健康状况的认识是否准确、客观的问题。不可否认的是，体检，即通过医学手段和方法对受检者的身体进行检查，可以在很大程度上增强自我健康评价的客观度。大量研究表明，城市地区的体检覆盖率显著高于农村地区，这意味着城镇居民自我健康认知的客观度要高于农村居民。由于相当一部分农村居民对自身的健康状况并没有客观的认识，也无法快速准确地发现自身的疾病，对自己的健康状况盲目乐观，这种主观性在一定程度上降低了农村居民作为一个群体的健康状况的不确定性。

其次，经济的飞速发展和工业化的快速推进使城镇居民的生存环境受到很大挑战。长期以来，在城镇煤的燃烧产生了大量的烟尘、二氧化硫等污染物。快速的城镇化更是促使机动车保有量快速增长，我国一些大、中城市已经出现了严重的机动车尾气污染。随着城市的发展，工业废水和城市居民生活污水的排放量日益增多，近些年城市居民生活污水排放量的年增长率高达 7%。调查显示，目前我国约 70% 的城市人口受到高噪声的影响，城市的噪声主要来源于机动车辆和建筑工地，长期处于高噪声中的人容易患上精神紧张、耳聋等疾病，严重危害身心健康。我国还存在城市绿地覆盖率偏低的问题，随着城市的发展，自然环境被逐步开发利用以建设工厂、住宅、商业区、道路、广场等，自然环境中的绿色植被被不断清除，取而代之的则是稠密的人口和拥挤的建筑物。另外，由于我国大多数城市在建设时缺少总体规划，没有从城市整体的角度充分考虑空气的流动性和散热性，城市通风廊道缺少或建设不够完善，空气流动缓慢，热量散发缓慢，从而形成城市热岛效应。这些都会对城镇居民的健康状况造成危害，从而增加城镇居民健康状况的不确定性。

最后，全球化和经济的快速发展在无形之中增加了我国城镇居民的生活压力，而过高的生活压力会影响居民的健康状况。大量研究表明，许多生理和心理疾病，如高血压、心脏病、消化系统疾病、失眠症、头痛病、食欲不振等都与压力的水平高度正相关，压力已经成为衡量个体健康的一个重要因素。这在美世咨询公司公布的《全球生活成本调查》中也得到了非常好的体现。《全球生活成本调查》是根据外国旅居者在当地的生活需求，对全球214个城市的200多项生活成本进行统计后得到的，调查以美国生活成本最高的城市纽约作为基准城市，将所有其他城市与纽约进行比较。2012年的统计显示，中国内地共有4个城市超越了纽约，分别为上海（第16位）、北京（第17位）、深圳（第30位）、广州（第31位）。此外，值得一提的是，我国还有5个城市的排名大幅提升，在2012年首次进入生活成本最高的前100位的城市，它们分别为青岛（第66位）、天津（第72位）、沈阳（第85位）、南京和成都（并列第94位）。相比于生活成本偏低且变化不大的农村地区，我国城镇地区的生活成本过高且上升的态势极为明显，这在很大程度上增加了城镇居民的生活压力，进而影响了城镇居民的健康状况，增加了城镇居民相对于农村居民的健康状况不确定性。

从表8-3中可以发现，体制内人群健康状况残差的一阶自相关系数仅为0.150，而体制外人群健康状况残差的相关系数却高达0.232，这说明体制内人群所面临的健康状况冲击的持续性显著低于体制外人群。换句话说，体制内人群相比于体制外人群面临更大的医疗支出不确定性。这也是违背人们的直观认识的，通常情况下，体制内人群所享受的社会福利要好于体制外人群，而且体制内人群的收入相对稳定，他们的健康状况不确定性应当相对较低。本书认为以下两个影响因素共同促使了这种违背直观认识的现象出现。

首先，与上文提到的城镇和农村的健康状况冲击分析相类似，体制内人群通常由工作单位定期统一组织体检，而体制外人群的体检管理则是相对松散的，存在着体检不定期、体检项目不固定等一系列问题，因而相比于体制内人群，体制外人群对自身的健康状况缺乏客观的认识，不能及时发现自身的健康问题，因而体制外人群往往会低估自身的医疗支出不确定性。

其次，体制内人群的精神压力通常较大。相比于体制外人群，体制内人群不仅承受着较大的晋升压力，而且还受制于严明的纪律规范体系和责任追究制度，较为保守、严谨的工作氛围又使他们的压力无处释放。另外，体制内人群为了应酬而过量饮酒的现象也较为普遍，这些共同提高了体制内人群的健康状况不确定性。

（三）健康投资冲击一阶自回归的分组分析

由表 8–2 不难发现，城镇居民健康投资残差的一阶自相关系数为 0.227，而农村居民健康投资残差的相关系数则仅为 0.098，明显低于城镇居民，即城镇居民健康投资冲击的可持续性强于农村居民，也就是说，农村居民相对于城镇居民在健康投资方面具有更大的不确定性。本书认为导致这一现象主要有两方面的原因。

首先，相比于农村居民，城镇居民具有相对较高的收入水平和较低的恩格尔系数。根据《中国统计年鉴 2022》，2021 年城镇居民家庭人均可支配收入为 47411.9 元，城镇居民家庭的恩格尔系数为 28.6%；农村居民家庭人均纯收入仅为 18930.9 元，农村居民家庭的恩格尔系数为 32.7%，比城镇居民家庭高 4.1 个百分点[①]。相对较高的收入水平意味着城镇居民可以用来进行健康投资的金额基数较大，而相对较低的恩格尔系数则意味着城镇居民可以用来进行健康投资的金额比例较高，这两个指标从两个维度共同降低了城镇居民的健康投资不确定性。

其次，相比于农村居民，城镇居民拥有更强的健康意识。具备良好的健康意识对实行自我健康保护、自身疾病的预防和及时发现等有着十分重要的意义。健康教育对健康意识的增强有着显著的正向作用，而健康教育主要是通过健康咨询、专题讨论、课堂学习、卫生宣传活动、电视台的卫

① 中华人民共和国国家统计局．中国统计年鉴 2022[M]. 北京：中国统计出版社，2022.

生节目等形式进行的，因而相比于农村居民，城镇居民接受健康教育的渠道更为丰富，机会更多，这就使他们的健康意识总体上相对较高，进而使他们的健康投资不确定性相对较低。

从表 8–3 中可以发现，体制内人群健康投资残差的一阶自相关系数为 0.226，而体制外人群健康投资残差的相关系数仅为 0.108，明显低于体制内人群。这意味着健康投资冲击的可持续性对于体制内人群比对于体制外人群要强，即相比于体制内人群，体制外人群的健康投资拥有更多的不确定性。本书认为，造成这一现象主要有两方面原因。

首先，相比于体制外人群，体制内人群的收入不确定性较低。在我国体制内人群的工作较为稳定，其收入也相对稳定，社会福利水平有保障。健康投资既可以属于家庭消费，也可以属于家庭投资，但无论是根据凯恩斯收入函数 $C=c(Y)$（其中 C 为消费，Y 为收入）还是根据凯恩斯投资函数 $I=S=s(Y)$（其中 I 为投资，S 为储蓄，Y 为收入）都可以发现，收入会直接影响消费 C 和投资 I 的不确定性。因而，收入不确定性的程度与健康投资不确定性的程度高度相关，这就意味着体制内人群相对较低的收入不确定性通常会导致他们相对较低的健康投资不确定性。

其次，相比于体制外人群，体制内人群的工作时间相对固定，其中政府部门及国企的工作人员大多严格遵守八小时工作制，因而由工作因素带来的健康投资不确定性相对较小。而体制外人群的工作时间则相对灵活，甚至有很多工作是无固定工作时间的，因而工作因素会给体制外人群带来相对较大的健康投资不确定性。

三、家庭健康与医疗状况的随机过程分解分析

为了对健康状况、医疗支出和健康投资的不确定性有更为深入的认识和理解，本书引入用于估计收入不确定性的带约束的收入过程（Restricted

Income Process, RIP）模型和异质性的收入过程（Heterogeneous Income Process, HIP）模型对家庭健康和医疗状况进行更为深入的分析。这样做是考虑到收入冲击与健康状况、医疗支出和健康投资冲击之间存在很多相似之处。首先，收入冲击在很大程度上受到工作年限的影响，而健康状况、医疗支出和健康投资冲击在很大程度上也依赖于年龄因素。其次，根据 Friedman（1956）的持久收入假说，收入具有很强的跨期黏性，即如果当期的收入较高，下一期收入同样较高的概率非常高，而健康状况、医疗支出和健康投资也同样具有这一特征，当期的表现在很大程度上受制于前一期或前几期的惯性影响。最后，收入与医疗支出、健康投资同属经济变量，因而会受到来自市场整体的经济周期的宏观影响，由于这种短期经济波动是外生的且会影响整个经济体，因而其对收入和医疗支出、健康投资的影响基本相同。

Guvenen（2007，2009）综述了估计随机收入过程的文献并提出了两个用于估计收入的计量模型——RIP模型和HIP模型[①]。本书用于分析健康状况、医疗支出和健康投资冲击的模型与这两个模型非常相似，也是通过对AR（1）过程进行进一步分解得到的，本书将其命名为带约束的健康过程（Restricted Health Process, RHP）模型和异质性的健康过程（Heterogeneous Health Process, HHP）模型，此模型的具体形式为：

$$\log(Y_{i,a}) = f(X_{i,a}) + \hat{y}_{i,a} \tag{8-2}$$

$$\hat{y}_{i,a} = a_i + \beta_i a + z_{i,a} \tag{8-3}$$

$$z_{i,a} = p_{i,a} + \in_{i,a} \tag{8-4}$$

$$p_{i,a} = \rho p_{i,a-1} + \eta_{i,a} \tag{8-5}$$

① Guvenen, Fatih. Learning your earning: Are labor income shocks really very persistent[J]. American Economic Review, 2007, 97(3): 687-712; Guvenen, Fatih. An empirical investigation of labor income process[J]. Review of Economics Dynamics, 2009, 12(1): 58-79.

在 RHP 和 HHP 模型中下标 i 表示特定的受访家户，下标 a 表示特定受访家户的户主年龄，a_i 表示个体效应，β_i 表示年龄变量的回归系数，$\hat{y}_{i,a}$ 代表户主年龄为 a 的第 i 户观察家户的因变量的面板随机效应回归结果的残差项。健康的随机构成 $z_{i,a}$ 包含两种冲击，分别为持续性冲击 $p_{i,a}$ 和纯粹的暂时性冲击 $\in_{i,a}$，持续性扰动遵循 AR（1）过程，见（8–5）式。本书假设扰动 $\in_{i,a}$ 和 $\eta_{i,a}$ 服从均值为 0、方差分别为 $\sigma_{\in}^2$ 和 σ_{η}^2 的正态分布，方差 $\sigma_{\in}^2$、σ_{η}^2 和 AR（1）过程的参数 ρ 一起衡量了健康状况、医疗支出和健康投资的不确定性，另外扰动 $\in_{i,a}$ 和 $\eta_{i,a}$ 之间的协方差 $\sigma_{\in\eta}$ 为 0。

a_i 和 β_i 代表了健康状况、医疗支出或健康投资残差项的事先异质性，本书依照 Guvenen（2009）的方法假设 β_i 与年龄变量 a 之间存在着一阶线性关系，即 $\beta_i a$，随机向量（a，β）在个体之间满足均值为 0、方差为 σ_{α}^2 和 σ_{β}^2、协方差为 $\sigma_{\alpha\beta}$ 的分布。由于（8–4）式中 $z_{i,a}$ 的两个组成部分 $p_{i,a}$ 和 $\in_{i,a}$ 的下标均为 i，a，无法运用实证的方法进行分解，因而本书采用最小距离估计法直接对描述健康状况、医疗支出和健康投资过程的参数 $\{\rho, \sigma_{\in}^2, \sigma_{\eta}^2, \sigma_{\alpha}^2, \sigma_{\beta}^2, \sigma_{\alpha\beta}\}$ 进行估计。

数据矩（Data Moment）。本书首先计算了衡量数据特征的数据矩，分别为健康状况、医疗支出和健康投资对应的面板随机效应残差 $\hat{y}_{i,a}$ 的方差及协方差。

模型矩（Model Moment）。本书根据（8–2）、（8–3）、（8–4）、（8–5）式运用计量理论得到模型矩的理论表达式：

$$var(\hat{y}_{i,a})=\rho^{2a}var(z_0)+\frac{1-\rho^{2a}}{1-\rho^2}\sigma_{\eta}^2+\sigma_{\in}^2+[\sigma_{\alpha}^2+2\sigma_{\alpha\beta}a+\sigma_{\beta}^2\alpha^2] \tag{8–6}$$

$$cov(\hat{y}_{i,a},\hat{y}_{i,a-j})=\rho^{a(a-j)}var(z_0)+\rho^{j}\frac{1-\rho^{2(a-j)}}{1-\rho^2}\sigma_{\eta}^2+\sigma_{\alpha}^2+\sigma_{\alpha\beta}(2a-j)+\sigma_{\beta}^2\alpha(2a-j) \tag{8–7}$$

这里的 $var(z_0)$ 指的是因变量残差的初始方差，此处指户主年龄为 60 岁的家户因变量残差的方差。给定一组家户面板数据，方差和协方差的个数取决于给定数据的截面个数。假设数据的截面个数为 T，则每一个年龄组矩条件的个数为 T（T+1）/2。例如，如果本书采用 2011 年、2013 年、2015 年和 2018 年 4 个截面的 CHARLS 数据进行估计，每一个年龄组就有 10 个矩条件，分别是 4 个方差和 6 个协方差。最终的模型矩是不同年龄组的方差和协方差的均值。

拟合。模型矩是包含参数的方程，因而本书可以通过最小化模型矩和数据矩之间距离的方法得到参数集 $\{\rho,\ \sigma_{\in}^2,\ \sigma_{\eta}^2,\ \sigma_{\alpha}^2,\ \sigma_{\beta}^2,\ \sigma_{\alpha\beta}\}$。这组参数可以帮助本书判断中国家庭健康状况、医疗支出和健康投资的不确定性并对中美进行比较。

本书采用 AR（1）过程进一步分解模型分别对医疗支出对数值的残差项、健康状况的残差项和健康投资对数值的残差项进行了估计，回归结果具体见表 8-4。

表 8-4 医疗支出、健康状况和健康投资的 AR（1）过程进一步分解模型回归结果

统计量 \ 变量名	（1）	（2）	（3）
	Ln（医疗支出）	健康状况	Ln（健康投资）
相关系数 $\tilde{\rho}$	0.857 （0.089）	0.930 （0.164）	0.416 （0.311）
$\in$的方差 $\sigma_{\in}^2$	5.578 （0.997）	0.893 （0.236）	2.036 （2.456）
η 的方差 σ_{η}^2	0.538 （0.527）	0.354 （0.122）	2.636 （2.241）
初始值的方差 Var（Z_0）	8.862	0.497	1.945

注：括号内为回归系数的标准误。（1）列为带约束的医疗支出过程的估计结果，（2）列为带约束的健康状况过程的估计结果，（3）列为带约束的健康投资过程的估计结果。

总体而言，这三组 AR（1）过程进一步分解模型的回归结果中，医疗支出的对数值和健康状况的回归结果较为理想，基本上所有参数都非常显著，而健康投资的回归结果不是很理想，对此后文也给出了较为具体的解释。下文分三部分对医疗支出、健康状况和健康投资的 AR（1）过程进一步分解结果逐一进行分析。

为了对我国的医疗支出冲击有更为清晰和准确的认识，本书对国内外不同文献中医疗支出冲击的估计结果进行了梳理，并以美国的情况与本书的估计结果进行了对照，见表 8-5。

表 8-5　中美的医疗支出随机过程参数比较

	$\tilde{\rho}$	σ^2_{ϵ}	σ^2_{η}
本研究（中国）	0.857	5.578	0.538
	（0.089）	（0.997）	（0.527）
French 和 John Bailey Jones（2004）（美国）	0.922 （0.010）	1.039 （0.028）	0.524 （0.020）
Feenberg 和 Skinner（1994）（美国）	0.896	0.269	0.100
Hubbard et al.（1994）（美国）①	0.901	0.930	0.220

注：括号内为标准误。本研究选用的数据为中国健康与养老追踪调查（China Health and Retirement Longitudinal Study，CHARLS）数据；French 和 John Bailey Jones（2004）的研究选用的数据为健康和养老调查（Health and Retirement Survey，HRS）数据与老年人资产和健康动态调查（Assets and Health Dynamics of the Oldest Old Survey，AHEAD）数据；Feenberg 和 Skinner（1994）的研究选用的数据来自税收过程，美国政府以在收入的基础上扣除医疗支出后的余值为基数计算收税额，这属于一种形式的税收抵免；Hubbard et al.（1994）的研究选用的数据为 1977 年国家级医疗支出调查（National Health Care Expenditures Survey）数据与 1997 年国家级养老调查（National Nursing Home Survey）数据。

本书研究的是中国的情况，而 Feenberg 和 Skinner（1994）②、Hubbard et al.（1994）③ 及 French 和 John Bailey Jones（2004）④ 研究的都是美国的情

① R. Glenn Hubbard, Jonathan Skinner, Stephen P. Zeldes. The Importance of Precautionary Motives in Explaining Individual and Aggregate Saving[J]. Journal of Monetary Economics, 1994.

② Feenberg D., J. Skinner. The Risk and Duration of Catastrophic Health Care Expenditures [J]. The Review of Economics and Statistics, 1994, 76(4): 633-647.

③ R. Glenn Hubbard, Jonathan Skinner, Stephen P. Zeldes. The Importance of Precautionary Motives in Explaining Individual and Aggregate Saving[J]. Journal of Monetary Economics, 1994.

④ Eric French, John Bailey Jones. On the Distribution and Dynamics of Health Care Costs [J]. Journal of Applied Econometrics, 2004, 6(19): 705-721.

况。相比于 Feenberg 和 Skinner（1994）的研究及 Hubbard et al.（1994）的研究，本书进行研究时所使用数据的具体特征和采用的计量模型都更贴近 French 和 John Bailey Jones（2004）的研究，因而在考虑中美具体差异时，本书将 French 和 John Bailey Jones（2004）的研究设置为主要参照组，另两项研究设置为辅助参照组。

通过对比中国和美国的医疗支出过程可以发现，我国在医疗支出方面的暂时性冲击是美国的 5 ~ 6 倍，可见与美国相比，我国的医疗支出存在着相当大的不确定性，这可能缘于我国的医疗保险制度不够完善，覆盖面不足等。另外，Yu 和 Zhu（2013）的研究也佐证了本书的结果，他们指出，我国家庭收入方面的暂时性冲击是美国的 6 ~ 12 倍，根据家庭收入与家庭支出之间的关系（消费支出通常会随收入的变动而变动）可以发现，本书的过程估计结果是非常合理的。

至于持续性冲击，与美国相比我国医疗支出冲击的持续性更低而方差更大，这些都说明我国的医疗支出存在着较大的不确定性。另外，来自 Yu 和 Zhu（2013）的研究结果又一次为本书的估计结果做出了佐证，他们指出相比于美国，我国的家庭总收入冲击的持续性更低而方差更大[①]，这说明我国的家庭收入存在着巨大的不确定性，而这可能就是我国的医疗支出存在较大不确定性的重要原因。

医疗支出方面所存在的较大不确定性会在很大程度上影响我国经济的运行和发展。本书认为，我国医疗支出的显著不确定性通过增强人们的预防性储蓄动机提高了人们的储蓄率，从而降低了居民消费率。

罗楚亮（2004）分析了收入不确定性、失业风险、医疗支出不确定性及教育支出等因素对城镇居民消费行为的影响，发现这些不确定性因素对

① Jihai Yu, Guozhong Zhu. How uncertain is household income in China [J]. Economics Letters, 2013, 120(1): 74–78.

居民消费水平具有显著的负效应，但效应的大小受制于可预期性[①]。万广华等（2001）通过研究不确定性与流动性约束在中国居民消费行为演变中所起的作用，揭示出随着我国经济改革的不断深入，不确定性的增大以及流动性约束型消费者所占比重的上升，造成了我国经济快速增长时期的低消费增长和内需不足[②]，这一情况在后期有了一定缓解。龙志和等（2000）运用 Dynan 的预防性储蓄模型进行估测，得出了我国城镇居民存在着显著的预防性储蓄动机的研究结论[③]。

降低医疗支出不确定性以提高居民消费率对我国经济社会的发展具有很大的现实意义。首先，提高居民消费率可以促进我国居民生活水平的提高。如今作为全球最大的债权国，我们用“高储蓄”支撑起了欧美的“高消费”。其次，提高居民消费率可以促进经济的可持续发展。投资和出口只能暂时性地拉动经济增长，消费才是根本动力。最后，提高消费率可以缓解我国国民收入构成部门发展不平衡的趋势。居民消费在国民收入中的比重逐年下降，意味着投资、政府支出和净出口的比重在相应上升，这样的结构可能会使经济增长过度依赖于投资和出口，同时会使政府消费支出的比重不断提升。因而，我国政府部门有必要认识到我国医疗支出不确定性高的问题，并且制定政策以有效降低我国的医疗不确定性，从而维持社会和经济的平稳健康发展。

由表 8–4 可以发现，健康状况冲击相对于医疗支出冲击的持续性更强，这与单纯的 AR（1）过程估计结果相吻合。另外还可以发现，健康状况持续性冲击的方差显著低于医疗支出持续性冲击的方差，这说明健康状况的

---

① 罗楚亮 . 经济转轨、不确定性与城镇居民消费行为 [J]. 经济研究，2004（4）：100–106.

② 万广华，张茵，牛建高 . 流动性约束、不确定性与中国居民消费 [J]. 经济研究，2001（11）：35–44.

③ 龙志和，周浩明 . 中国城镇居民预防性储蓄实证研究 [J]. 经济研究，2000（11）：33–38.

不确定性小于医疗支出的不确定性。

由表 8–4 可知，健康状况暂时性冲击的方差远小于医疗支出暂时性冲击的方差，这同样说明健康状况的不确定性要小于医疗支出的不确定性。

出现这种情况主要是因为健康状况仅仅是一个衡量自身身体状况的变量，而医疗支出却是一个经济变量，会受到短期波动、经济周期等外部因素的影响；另外它还会更为直接地受到收入不确定性、医疗卫生体制、医疗保障体系和政府部门政策等社会和经济因素的影响，这些在很大程度上增大了家庭医疗支出的不确定性。

由表 8–4 不难发现，健康投资的 AR（1）过程进一步分解模型拟合效果并不是非常理想，本书认为这是由几个因素共同导致的。首先，本书所选用的 CHARLS 数据较新，可以进行面板研究的仅有两省两期的数据。其次，我们在进行数据整理的过程中发现，许多家户的健康投资额为 0，这在很大程度上增加了估计的难度。最后，从图 8–4 中可以看出，健康投资的残差不同于医疗支出和健康状况的残差，它在正常的扰动范围之外还存在着大量的正向异常扰动，这也在相当大程度上制约了估计的显著性。

然而不容忽视的一点是，作为被解释变量的健康投资和作为解释变量的年龄之间可能确实不存在多少相关性。本书发现，健康投资的回归方程中年龄变量是不显著的，而年龄平方项也仅在 10% 的显著水平上显著，这说明年龄变量对健康投资本身的影响非常有限。通过对比表 8–1 和表 8–4 可以发现，医疗支出和健康投资的自相关系数在简单的 AR（1）回归的情形下是差不多的，分别为 0.147 和 0.159，而在考虑年龄变量对冲击的影响的 AR（1）过程进一步分解模型中，医疗支出的自相关系数显著上升至 0.857，而健康投资的自相关系数仍为 0.416，这说明年龄变量不仅对健康投资本身的影响有限，对健康投资冲击的影响也很小。

考虑健康和房产的宏观资产配置模型

一、宏观资产配置模型

本节的理论模型基于 Grossman（1972）①、Ehrlich 和 Chuma（1990）②、Cocco（2005）③、Hugonnier et al.（2013）④、Koijen et al.（2016）⑤ 以及 Yogo（2016）⑥ 的模型进行构建。

健康积累和健康冲击。本节对于健康的建模基于 Grossman（1972）、Ehrlich 和 Chuma（1990）的研究。健康状况的积累遵循如下规律：

$$H_t=\delta_t H_{t-1}+I_t^{\psi} \tag{8-8}$$

其中 H_{t-1} 是上期的健康状况，δ_t 是在本期实现的外生的健康冲击。I_t 是健康投资，$\psi\in(0,1)$ 决定了健康投资收益的递减情况，本模型假设健康投资在当期生效。健康冲击可以基于冲击的大小和转换可能性进行刻画，外生的健康冲击和内生的健康投资共同决定了老年人的健康状况和死亡率。

金融市场。本节的基础模型只考虑两种金融资产——债券和房地产。相对于债券，房地产投资的流动性低，风险大。在本书的后续研究中，将

① Grossman, Michael. On the concept of health capital and the demand for health[J]. Journal of Political Economy, 1972, 80(2): 223–255.

② Ehrlich, Isaac and Hiroyuki Chuma. A model of the demand for longevity and the value of life extension[J]. Journal of Political Economy, 1990, 98(4): 761–782.

③ Cocco, Joao F.. Portfolio choice in the presence of housing[J]. The Review of Financial Studies, 2005, 18(2): 535–567.

④ Hugonnier, Julien, Florian Pelgrin, and Pascal St-Amour. Health and (other) asset holdings[J]. Review of Economic Studies, 2013, 80(2): 663–710.

⑤ Koijen, Ralph SJ, Stijn Van Nieuwerburgh, and Motohiro Yogo. Health and mortality delta: Assessing the welfare cost of household insurance choice[J]. The Journal of Finance, 2016, 71(2): 957–1010.

⑥ Yogo, Motohiro. Portfolio choice in retirement: Health risk and the demand for annuities, housing, and risky assets[J]. Journal of Monetary Economics, 2016, 80(C): 17–34.

会加入更多的金融资产，如股票、现金、银行理财等。在基础模型中只考虑无借贷的情形，因为绝大多数中国退休人员既无房贷也无非抵押贷款，在后续的研究中也将加入有借贷的情形。本模型假设房价（P_t）的随机过程的表达式为：

$$P_t=(1+\mu)^t\widetilde{P}_t \quad (8\text{–}9)$$

其中房屋回报 μ 表示房价的长期增长[①]，$\widetilde{P}_t$ 的对数值遵循 AR（1）的积累过程。本模型中债券的投资收益是无风险利率，房地产的投资收益由房产增值和租金收入两部分构成，租金随房价的增长而增长。本模型还假设当房屋被卖掉时房主需参照房屋的市值缴纳一定比例的费用，此设定完全符合中国房地产市场的税费制度。

家户的偏好。家户效用函数满足以下表达式：

$$u=\left[(1-\alpha)(C^{1-\zeta}C_d^{\zeta})^{1-\frac{1}{\eta}}+\alpha H^{1-\frac{1}{\eta}}\right]^{\frac{1}{1-\frac{1}{\eta}}} \quad (8\text{–}10)$$

其中参数 $\zeta\in(0,1)$ 是住房的效用加权，$\alpha\in(0,1)$ 是健康的效用加权，$\eta\in(0,\infty)$ 是健康与住房和非住房消费组合之间的边际替代弹性。在本模型的设定中，租金除了名义租金，也包含租房所带来的其他成本，如相对较低的住房满意度和一些心理因素，如此建模是为了更好地拟合文献中公认的租房效用相对较低的观点。

家户的最优化问题。考虑生命周期模型，$\Omega=(H, D, B, \widetilde{P}, \delta)$ 表示个体的状态，其中 H 和 D 分别代表房地产和无风险债券的存量，$\widetilde{P}$ 和 δ 分别代表房价增长和健康冲击。基于房地产投资的非流动性，家户可能选择进入或者不进入房地产市场。如果家户在初始期有房产，其选择为：

$$V_t(\Omega)=\max\{V_t^a(\Omega),\ V_t^n(\Omega),\ V_t^x(\Omega)\} \quad (8\text{–}11)$$

①　在定量分析部分，μ 直接来源于地级和市级层面的房价数据。

其中 $V_t^a(\Omega)$ 是家户调整资产组合，即在给定的预算约束条件下通过选择房产、债券和健康进行投资达到的预期效用最大化的值函数；$V_t^n(\Omega)$ 是指家户选择不调整房地产存量，仅仅选择债券和健康进行投资实现的预期效用最大化的值函数；$V_t^x(\Omega)$ 是指家户选择离开房地产市场的值函数。值得一提的是，当家户的总财富水平较低或受到一个显著负向的健康冲击时，这往往是其最优策略。

对于租户而言，有两个选择：

$$W_t(\Omega)=\max\{W_t^n(\Omega),\ W_t^p(\Omega)\} \tag{8-12}$$

其中 $W_t^n(\Omega)$ 代表租户在这一期继续选择租房的值函数；$W_t^p(\Omega)$ 代表租户在这一期选择买房的值函数，例如一个低健康存量的租户在受到一个显著正的健康冲击时可能选择买房。

本研究主要致力于对老年家庭的健康和医疗状况进行更为清晰和准确的分析，并提出相关理论依据和政策建议，如政府部门可以通过降低收入不确定性、健全医疗卫生体系、完善医疗保障体系和提供医疗补助等方式有效缓解医疗支出不确定性给中老年家庭带来的负担。

基于模型的实证参数估计。本节主要采用模拟矩估计（Simulated Method of Moments）的方法进行参数估计。模拟矩估计可以被看作一般矩估计的一种特殊形式，是通过选择模型参数以实现模型模拟矩与数据矩之间的匹配，本节用作匹配的是回归系数。本节选取死亡率这一远期指标和健康状况这一近期指标来衡量老年人的死亡风险。本节选用有序概率选择模型（Ordered Probit Model）对健康状况进行回归分析以找到健康的临界点（有序概率选择模型的临界点）。此处需要估计中国各地房价增长率，本节中房地产价格指数等相关数据来源于中经网统计数据库。根据 Yogo（2016）的方法，本研究用实付费用占总费用的比率来表示健康投资的成本，且这一份额是年龄、健康状况、退休前行业和居住区域的函数，同时本节也考

虑了健康通货膨胀，即医疗价格相对于 CPI 的变动。

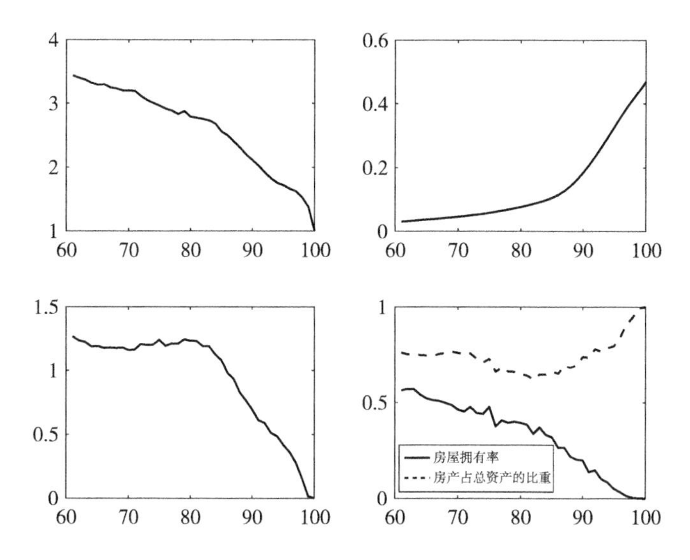

图 8-5 考虑健康和房产的宏观资产配置模型的数值拟合

注：以上四幅图的横坐标皆代表户主年龄（单位：岁），左上图的纵坐标代表健康状况，左下图的纵坐标代表财富水平的对数值，右上图的纵坐标代表死亡率，右下图的纵坐标代表房屋拥有率和房产占总资产的比重。

资料来源：Yushan Hu, Penglong Zhang and Guozhong Zhu. Health, housing and portfolio of the elderly in China, *Working Paper*, 2022.

二、传导机制分析和长短期趋势分析

参照 Fan et al.（2022）①、Hu 和 Zhang（2022）② 的研究，本节将进行房价对老年人健康及预期寿命影响的机制分析，结合中国具体国情、房地产市场、金融市场和劳动力市场分析背后的影响和传导机制。

针对不同类型的冲击，本节将进行两组反事实分析，以预测价格冲击

---

① Zhiyong Fan, Yushan Hu and Penglong Zhang. Measuring China’s core inflation for forecasting purposes: Taking persistence as weight[J]. Empirical Economics, 2022（63）：93–111.

② Yushan Hu and Penglong Zhang. Performance of China’s core inflation for monetary polic[J]. The Singapore Economic Review, forthcoming, 2022.

对家户的短期和长期影响。

试验一：房价。将房价降低 30%，预测死亡率、储蓄率、房屋拥有率、家庭资产中房产份额的短期和长期影响。

试验二：医疗价格。将医疗价格降低 30%，预测死亡率、储蓄率、房屋拥有率、家庭资产中房产份额的短期和长期影响。

短期影响。重新计算状态空间房产价值、医疗支出、收入水平或财富水平降低 30% 情况下的家户分布，再运用与基准模型相同的策略函数计算新的健康投资、资产投资和死亡率。

长期影响。将新的退休人员的房产价值、医疗支出、收入水平或财富水平降低 30%，基于新的初始分布重新计算家户分布以得到长期的健康投资、资产投资和死亡率，从而得到人口老龄化背景下对中国医疗和经济的基本判断。

表 8–6　房价冲击的反事实分析

	体制外			体制内	
	一线城市	二线和三线城市	农村	一线城市	二线和三线城市
	房价下降 30% 的短期影响（百分比变化）				
死亡率	0.00	0.00	0.00	0.00	0.00
储蓄率	−17.71	−14.20	−9.65	−15.66	−18.33
房屋拥有率	−4.15	−0.57	−0.07	2.34	−3.25
家庭资产中房产份额	−7.98	−5.73	−0.87	−11.37	−3.86
	房价下降 30% 的长期影响（百分比变化）				
死亡率	22.71	26.77	13.25	30.16	27.52
储蓄率	−16.73	−14.96	−9.25	−21.01	−20.48
房屋拥有率	−20.41	−20.75	−10.65	−20.64	−21.46
家庭资产中房产份额	−16.09	−12.13	−10.31	−18.09	−15.25

表 8–7　医疗价格冲击的反事实分析

	体制外			体制内	
	一线城市	二线和三线城市	农村	一线城市	二线和三线城市
	医疗价格下降 30% 的短期影响（百分比变化）				
死亡率	0.00	0.00	0.00	0.00	0.00
储蓄率	−17.77	−15.37	−20.47	−19.33	−5.62
房屋拥有率	0.33	5.05	−1.26	−2.39	25.00
家庭资产中房产份额	11.95	14.53	18.47	11.07	7.94
	医疗价格下降 30% 的长期影响（百分比变化）				
死亡率	−12.94	−23.49	−33.02	−8.29	−19.30
储蓄率	−23.81	−12.05	−23.27	−36.90	22.29
房屋拥有率	−6.23	11.35	−6.28	−20.20	83.46
家庭资产中房产份额	9.84	10.48	11.31	10.38	4.95

第三篇

中国农村住房金融体系的发展与展望

根据第七次全国人口普查，我国的城镇化率由1953年的13.26%大幅提升至2020年的63.89%，然而2020年我国仍有50979万乡村人口，中国农村的住房金融发展是否可以在一定程度上解决乡村的养老问题，值得我们进一步思考。第四次中国城乡老年人生活状况抽样调查显示，2015年我国60周岁及以上公民中农村老年人口占48.0%，这一数据较2000年的65.8%有所下降，但基数依旧庞大。农村老年人口的调查数据对本书的研究至关重要，本书会使用一些非公开数据进行补充。

本书采用2008—2018年由清华大学中国农村研究院组织的“百村”调查项目所获得的一手数据开展研究。数据主要反映2007—2017年的实际情况。“百村”调查项目的家庭调查由来自清华大学、北京大学、中国农业大学等全国多所高校的众多调研团队共同完成。该调查的一大特色是分村级和农户级两个维度实施调查（在实地调研中，村级问卷是通过对村“两委”两名以上主要干部的访谈完成的）。村级问卷主要调查村庄的整体情况，包括村基本情况、公共设施和公共服务、土地和生产、公共卫生事务和公共信贷事务等方面。农户级问卷主要调查农户的整体情况，包括家庭基本情况、土地利用与房产情况、家庭健康与医疗、家庭信贷与金融、合作经济组织等方面。调查采用分层随机抽样的调查方法，按照省、县（区、市）、乡（镇）、村四级依次抽样，以村为抽样单位，每个村平均随机抽样10～15户，样本村庄的分布非常广泛，覆盖了全国大部分省份。样本村庄大多集中在华北、华南、西南和西北地区，边疆地区分布较少，因此样本密度与农村人口分布大体一致。

值得一提的是，该数据已在学界得到广泛认可，并在本书作者的多篇文章中广泛运用。例如，Hu et al.（2022）发现，互联网在农村的推广可以有效减少非农劳动力市场的信息摩擦和搜索成本，从而提高农村家庭对非农工作的参与度。为节省更多的农业生产时间去参与非农工作，更为省力的灌溉方式成为农户的必然选择[①]；王亚华等（2022）认为，近年来我国农村出现了经济发展、农民收入增长、硬件设施不断改善与农田水利、人文环境、生态环境等方面衰败并存的现象[②]。这主要有两方面的原因：一是农村制度快速变迁，村提留和“两工”的取消使村级组织失去了稳定的财政和劳动力来源，取而代之的“一事一议”筹资筹劳制不足以保障农村公共服务供给；二是伴随大规模劳动力流出而产生的村庄空心化、人口老龄化和女性化问题，使农民集体行动的有力主体和“能人”日益匮乏，不利于农村公共事务的治理。

① Yushan Hu, Yahua Wang and Penglong Zhang. Internet access and irrigation adoption in China[J]. China Agricultural Economic Review, 2022, 14(3): 605-630.

② 王亚华，张鹏龙，胡羽珊 . 乡村治理：社会保障如何影响农民集体行动 [J]. 学术研究，2022（7）.

第九章

中国农村的养老问题

近年来，我国政府对农村的养老问题给予了充分的重视，中央政策大力推动我国农村养老事业的健康有序推进，并鼓励多种形式的创新，如互助式养老、老年食堂、农村幸福院、日间照料中心、养老助残服务中心等，这也为发展农村住房金融体系以解决农村养老问题提供了政策前提。2017 年 10 月，党的十九大指出，实施乡村振兴战略，农业农村农民问题是关系国计民生的根本性问题，必须始终把解决好“三农”问题作为全党工作重中之重。2018 年 1 月，中共中央、国务院颁布了中央一号文件，即《中共中央 国务院关于实施乡村振兴战略的意见》，提出完善城乡居民基本养老保险制度，构建多层次农村养老保障体系，创新多元化照料服务模式，健全农村留守儿童和妇女、老年人以及困境儿童关爱服务体系，加强妇幼、老人、残疾人等重点人群健康服务，鼓励利用闲置农房发展养老项目。同年，中共中央、国务院印发《国家乡村振兴战略规划（2018—2022年）》，强调为适应农村人口老龄化加剧的形势，应加快建立以居家为基础、社区为依托、机构为补充的多层次农村养老服务体系。2021 年 2 月，中央一号文件《中共中央 国务院关于全面推进乡村振兴 加快农业农村现代化的意见》指出，健全县乡村衔接的三级养老服务网络，推动村级幸福院、日间照料中心等养老服务设施建设，发展农村普惠型养老服务和互助性养老。2021 年 6 月实施的《乡村振兴促进法》规定，加强对农村留守儿童、妇女和老年人以及残疾人、困境儿童的关爱服务，支持发展农村普惠型养老服务和互助性养老。2022 年 2 月，中共中央再次印发中央一号文件

《中共中央 国务院关于做好2022年全面推进乡村振兴重点工作的意见》，强调提升县级敬老院失能照护能力和乡镇敬老院集中供养水平，鼓励在有条件的村庄开展日间照料、老年食堂等服务。2022年5月，中共中央、国务院印发了《乡村建设行动实施方案》，强调完善养老助残服务设施，支持有条件的农村建立养老助残机构，建设养老助残和未成年人保护服务设施，培育区域性养老助残服务中心。

人口流动与农村养老

一、城乡人口流动与农村人口老龄化问题

改革开放以来，我国经济的快速增长伴随着城市化水平的不断提升。一国的城市化水平往往与其经济发展水平高度相关，而我国的城市化水平远落后于其经济发展水平，这主要源于我国计划经济时期形成的社会经济的“城乡二元结构”体制。伴随着改革开放，我国逐渐放开了对城乡人口流动的限制，大量农民工涌入城市，推动了城市工业化的进程。中国科学院发布的《中国新型城市化报告2012》显示，2011年我国城镇化率首度突破50%，这意味着我国城镇人口首次超过农村人口。近年来，我国的城镇化率虽不断提升，但农村流动人口的增速已明显放缓。第七次全国人口普查的数据显示，2020年我国的城镇化率已达到63.89%，与发达国家城镇化的平均水平（80%）尚存在一定差距。目前学者们认为，我国尚未完成城市化，劳动力从农村转移出来进入非农产业，融入城市生产生活，是我国现阶段经济转型的客观要求，这一趋势在完成城市化之前不会改变。我国的城乡人口流动在近些年出现了新的趋势。1978年对外开放的政策使东南沿海地区经济优先发展，这一地区对于劳动力的需求不断增加，农村

剩余劳动力跨区域流动不断加速，越来越多的农村流动人口向城市集聚，长三角、珠三角、京津冀等大城市群聚集了多数农村流动人口。然而近些年，我国人口跨省流动的比例开始缓慢下降，省内跨市流动的比例逐渐上升，市内跨县流动的比例基本保持不变，这说明我国近些年的人口流动逐步趋于稳定。中国的城市化进程还面临诸多问题和挑战。很多学者提出"半城市化"曾是我国城乡人口流动面临的严峻挑战。"半城市化"是介于回归农村与彻底城市化之间的一种状态，表现为农村流动人口对社会的不认同，既不愿返回农村，又难以融入城市（王春光，2001，2006）[①]。近些年通过户口政策的调整和乡村振兴战略的实施，这种情况有了较为明显的改善。

目前的城乡人口流动依然以农村居民从乡村到城市的单向流动为主，城市居民向农村地区的流动相对较少，主要表现为人才下乡。长此以往，农村人口的"空心化"问题日趋严重，大量农村的青壮年劳动力涌入城市，而老年人因为体力、精力、生活习惯等原因选择留守农村，留守在农村的大多是妇女、儿童和老人，从而导致农村的人口老龄化问题远大于城市。一些学者也指出，青壮年劳动力大量流出对于乡村建设的不利影响。周博（2021）发现，城乡人口流动对农村家庭的互联网使用情况具有双向影响，人口流动有助于提升进城务工人员及其随迁子女的互联网使用率，但同时会降低留守子女及老人的互联网使用率[②]。

在农村，老年人并无明确的退休年龄，只要有劳动能力，老年人一般都愿意参加农业生产，因而农村有很多老年人年龄超过 70 岁了还不退休。这些老年人逐渐失去劳动能力后，主要依靠自己早年的积蓄、子女的

---

① 王春光 . 新生代农村流动人口的社会认同与城乡融合的关系 [J]. 社会学研究，2001（3）；王春光 . 农村流动人口的半城市化问题研究 [J]. 社会学研究，2006（5）.

② 周博 . 人口流动背景下的中国城乡数字鸿沟 [J]. 求索，2021（6）.

补贴和国家的养老保险维持基本生活。在农村老年人生活可以自理时，养老的问题并不明显；但他们在生活不能自理后，不仅需要支付高昂的医疗费用，还需要有人护理和照料。然而，很多老年人的子女居住在城市，子女们只能选择将父母接到城市一起生活或回到农村照料父母，这无疑给子女增加了很大的养老负担。对于农村失能老人来说，是否得到精心照料和是否能够充分就医对其预期寿命和晚年生活质量有着重要的影响，我国农村老年人可能面临的“老无所依”“老无所养”等问题非常值得社会各界关注。

二、解决农村人口老龄化问题的路径

解决农村人口老龄化问题的重要路径是合理有序地引导农村流动人口返乡。如何让乡村成为人口出得去、进得来、留得住的社会各类主体创业的大舞台，已成为新时期我国政府应当思考的新问题。城乡人口双向流动既是城乡融合发展的必然要求，也是乡村全面振兴的实现路径，只有实现人口在城乡之间的充分自由流动，才能带动与之相关的资本、技术等要素的充分流动。党中央、国务院充分肯定了城乡人口双向流动对于乡村振兴的积极作用，党的十九大提出建立健全城乡融合发展体制机制和政策体系，此外也出台了《关于支持农民工等人员返乡创业的意见》等一系列支持文件。各级政府可以从以下五个方面入手破除阻碍城乡要素自由流动和平等交换的制度壁垒，构建城乡人口双向流动的新格局，推动劳动力和资源要素向农村流动和集聚。

第一，深化产权制度改革，推进土地流转制度和“三权分置”体系建设。刘守英和路乾（2017）指出，发展中国家的落后主要源于产权保护上的人格化以及从权利限制秩序向权利开放秩序转型的障碍，只有建立权利开放秩序，让所有公民享有同样的权利，放开经济组织的准入与竞争，才能保持一个社会的长期、稳定、可持续发展[①]。鉴于此，各级政府应致力于打破城乡壁垒，加快城乡要素市场一体化进程。推动城乡要素市场的一体化是实现城乡融合发展的核心，其关键是打通目前要素由城市向农村流动的障碍。首要问题是土地制度，现行的土地制度难以满足城市人口和资源进入农村的需求，要进行相应的调整与改革。土地制度改革最主要的是要对经济增长阶段性转换后土地功能的变化做出反应，对原有制度实施的收益、成本与风险变化做出评估，并在此基础上，对相关制度安排做出负历史责任的完善与修改（刘守英，2018）[②]。因此，政府应在符合规划和土地用途管制的前提下，赋予农村建设用地和城市建设用地同等的权利，允许集体经济组织和农民利用集体建设用地从事非农生产，同时享有出租、转让和抵押等权利，健全农村集体产权有序流转交易机制，逐步放开对于流转主体的交易限制，使城市和外来资本得以流入农村。具体而言，“三权分置”，即所有权、承包权和经营权分置有利于推动城市化的进程，方面，无论土地流转与否，农村人口都拥有土地的承包权，这为农村流动人口提供了基本的生存保障，当面临经济危机或因产业结构调整而导致的失业问题时，流动人口能够选择回到农村继续从事农业生产活动。另一方面，当农村人口选择进入城市工作、生活时，可选择将农村土地的经营权流转给新型农业经营主体，这样为土地的规模经营提供了前提，不仅可以提高土地的生产效率，还为进城务工提供了一定的生存资本，促进了农业剩余劳动力的转移和农业规模经营。稳定的承包权和独立的经营权为社会资本进入农村提供了制度渠道，为引导人才下乡推动农村产业的发展提供了法律保障。另外，政府应加快明晰农村集体资产的产权归属，赋予农民

---

① 刘守英，路乾 . 产权安排与保护：现代秩序的基础 [J]. 学术月刊，2017（5）.

② 刘守英 . 土地制度变革与经济结构转型——对中国 40 年发展经验的一个经济解释 [J]. 中国土地科学，2018（1）.

对农村集体资产的自由处分权和收益权，促进各类资源要素通过市场化的途径实现保值增值。

第二，培育新型职业农民进行土地规模化经营，引导城市资本进入农村。近年来，政府大力推进乡村振兴，成效显著。在土地规模化经营方面，政府可针对不同产业，依托农业科研院校，对农民进行系统培训，不断提升新型职业农民的基本素质。另外，政府还应加大对欠发达地区和特别困难群体的扶持力度，在促进农村人口向城市转移的同时，大力发展农业及非农产业，积极引导城市资本进入农村开展土地规模经营。

第三，鼓励外出务工人员返乡创业，推动三产融合发展。农村三产融合包括农业产业内部整合型融合、农业产业链延伸型融合、农业与其他产业交叉型融合、先进技术要素对农业的渗透型融合等模式，无论是哪种类型的农村三产融合模式，都需要改革与创新。各地在农业适度规模经营的基础上，应注重发展农产品加工业、乡村旅游、民俗、采摘、电商直播等新兴模式，促进一二三产业融合发展，推动农业转型升级，有效提高返乡农民工的创业积极性，引导社会资本以不同形式、通过不同渠道进入农村，并合理引导外出务工农民回到农村发展地方经济。

第四，推动各类社会人才下乡，加快村级人才队伍建设。《中华人民共和国乡村振兴促进法》提出，国家健全乡村人才工作体制机制，采取措施鼓励和支持社会各方面提供教育培训、技术支持、创业指导等服务，培养本土人才，引导城市人才下乡，推动专业人才服务乡村，促进农业农村人才队伍建设。当前我国很多乡村都面临整体规划缺乏科学性、产业结构不合理、生态环境保护意识差、打造人文景观和文化品牌能力不足等困境，迫切需要各类人才下乡提供帮扶与支持。

第五，发展农村金融组织，加强对农民工返乡创业的信贷支持力度。农村金融服务机构应加大对农民工返乡创业的信贷支持力度，鼓励金融机构进行金融创新，进一步扩大新型农村金融机构试点范围，积极探索民间融资新模式。叶志强等（2011）的研究表明，中国的金融发展显著扩大了城乡收入差距，与农村居民收入增长显著负相关[①]。中国的金融资源高度聚集在城市地区，在农村地区的稀缺性和低效率阻碍了农民收入的增长。基于此，政府可以考虑适度放松对金融行业的管制，在金融市场中更多地引入竞争机制，增加私人资本在金融行业中的比重，引导金融资源更公平地流向农村地区。

新型农村社会养老保险

我国自 2009 年开始试点新型农村社会养老保险（简称新农保）。新农保是由政府组织实施的一项社会养老保险制度，是国家保险体系的重要组成部分，目标是在 2020 年之前基本实现对农村适龄居民的全覆盖。村级“百村”调查结果显示，2016 年受访者所在村劳动年龄人口参加新型农村社会养老保险的比例的平均值为 78.78%，标准差为 50.37%，中值为 90.0%，基本实现居民养老保险在农村的全覆盖，平均值略低于中值，这主要是因为少数偏远、经济发展水平较低的农村新农保的覆盖率还相对较低。

在养老金的具体金额方面，新农保在支付结构上除老农保的个人账户养老金外，还有新增部分，即基础养老金，这一部分是由国家财政全额支付的。中央确定的基础养老金标准为每人每月 55 元，地方政府可以根据实际情况提高基础养老金标准，对于长期缴费的农村居民，可适当加发基础养老金，提高和加发部分的资金由地方政府支出。新农保个人账户养老金的月计发标准为个人账户全部储蓄额除以 139，这与现行的城镇职工基

① 叶志强，陈习定，张顺明 . 金融发展能减少城乡收入差距吗？——来自中国的证据 [J]. 金融研究，2011（2）.

本养老保险个人账户养老金计发系数相同，在很大程度上实现了城乡融合和一体化发展。“百村”调查显示，受访者所在村 2016 年基础养老金每月给付标准的平均值为 169.06 元，标准差为 258.35 元，中值为 100 元，这一指标较调查的前些年有一定幅度的提升，平均值高于中值，这主要是因为一些沿海或经济发展水平相对较高地区，会在中央政府的基础养老金之上较大幅度提高该地居民的养老金水平。

为确保养老金情况调查的准确性，我们在村级调查的基础上又进行了农户级调查。农户级调查结果显示，家中有 0 人领取养老金的占比为 63.0%，1 人领取养老金的占比为 16.5%，2 人领取养老金的占比为 20.1%，3 人领取养老金的占比仅为 0.3%。[①] 这意味着农村家庭中至少有 1 人领取养老金的占比为 36.9%。在我们的样本中老年受访者的占比仅为 36.3%，这说明养老金在我国农村已经基本实现了全覆盖。在养老金的具体金额方面，受访者每月获得养老金总额的平均值为 239.3 元，标准差为 884.2 元，中值为 160.0 元，农户级调查结果略好于村级调查结果，这可能是因为农户的一些额外补贴收入未被计入新型农村社会养老保险金。值得一提的是，我国农村的医疗保险“新农合”也基本实现了对居民的全覆盖，医疗保险方面的城乡差距在进一步缩小，社会保障体系城乡融合的态势已逐步形成。“百村”调查显示，76.5% 的受访者表示其所居住的村庄实行的“新农合”已经与城镇居民医疗保险统一为城乡居民基本医疗保险，新型农村社会养老保险也在朝这一趋势发展。

---

① 本书中部分数据由于四舍五入的原因，存在总计与分项合计不等的情况，其他类似情况不再一一说明。

农村机构养老

机构养老是指由特定机构为老年人提供市场化、专业化和社会化的照料服务和医疗护理，主要服务对象为失能或半失能老年人，分为民办和公办两种，这些机构主要包括敬老院、福利院、养老院、老年公寓、老年护理院、托老所、日料看护中心等。公办的乡镇级敬老院和县级福利院主要为无子女的孤寡老人或其他特别困难的老年人提供养老服务。现阶段，受政府养老经费的限制，我国民办养老机构的养老服务质量普遍高于公办养老机构，这主要是因为民办养老机构的市场化程度较高，如果一家机构的养老服务质量较低，老年人可以选择其他的养老机构。

我国农村的一些养老机构可能存在这样或那样的问题，但基本的老年人护理和照料需求还是可以得到满足的。“百村”调查显示，受访者所在村有养老院的比例为96.0%，这意味着绝大多数受访村都拥有养老院，但养老院所能提供的养老服务在不同地区还是具有一定差异性的。“百村”调查还显示，受访者所在村有其他养老机构（如老年公寓、老年护理院、托老所、日料看护中心等）的比例为88.0%，受访者所在村没有任何养老机构的比例仅为0.5%，这说明养老机构在我国农村已经基本实现普及。

然而，我们在入户调查过程中也了解到，虽然我国农村地区的机构养老普及率很高，且政府投入了大量的资金对养老机构进行修建和维护，许多养老院也配备了相对完善的硬件设施，但是，养老机构的床位利用率却非常低，大量养老资源闲置和浪费。造成这一现象的原因主要有三个。一是很多公办的养老机构仅接收五保老人，即中国农村集体经济组织或街道办事处经济组织负责供养的实行“保吃、保穿、保住、保医、保葬”五保措施的老人，很多没有被认定为五保老人的老年人无法入住养老机构。二是农村老年人的客观支付能力有限，养老院的建设、维护和管理成本较高，政府尤其是经济发展水平相对较低地区的地方政府资金扶持力度较小，除少部分政府主办的纯福利性质的养老院外，其他养老机构均需缴纳一定的养老费用。农村的养老院可能较城镇的养老院便宜一些，但农村老年人主要从事农作物生产或牲畜养殖，自身的收入和储蓄水平较低，且农村的社会保障和福利水平也不及城镇地区，老年人没有退休金，每月的养老金收入可能仅能维持基本的生活和医疗费用，这使很多农村老年人愿意前往养老机构养老却无力支付相对高昂的养老费用。三是老年人的主观认可和接受程度较低，很多农村老年人“养儿防老”的传统观念根深蒂固，在“家本位”的观念下，他们认为进入养老机构养老更像被子女“抛弃”，会被其他村民嘲笑。他们希望可以帮助子女做些家务或照顾小孩，同时由子女为他们提供经济支持与精神慰藉。当子女具有较强的经济实力或代际关系处理较好时，居家养老往往成为老年人与其子女的共同选择，然而现实中不乏一些代际关系处理不当导致老年人被迫退出子女家庭而选择单独居住的现象。因而，即便养老院在我国农村地区的普及率非常高，绝大多数农村老年人仍然会选择居家养老，这使农村很多养老机构变得有名无实。

农村家庭养老

一、社区居家养老服务

鉴于现阶段农村老年人普遍选择居家养老，农村社区居家养老的配套设施建设对于养老服务的保障至关重要。社区居家养老服务是以家庭为核心、以社区为依托，依靠专业化的服务，为生活自理困难的居家老年人提供以生活照料等为主要内容的社会化服务，其具体形式主要分为两种。一种是由经过专业培训的服务人员上门为老年人提供照料服务；另一种是在社区创办老年人日间服务中心，为老年人提供日托服务。“百村”调查显示，受访者所在村有社区居家养老服务站的比例为96.5%，可见社区居家养老服务站已经在我国农村基本普及。“百村”调查还显示，受访者所在村有居家养老上门服务的比例为93.3%，这意味着绝大部分社区居家养老服务站都可以提供居家养老上门服务，下一步我们将对居家养老服务的质量进行深入调研。

二、子女和其他亲属的供养

“百村”调查显示，2016年老年人从子女或者其他亲属那里获得的金钱总数的平均值为2440.6元，标准差为7455.7元，中值为1000.0元。不难发现，老年人从子女或其他亲属处获得金额的平均值远大于中值，这缘于少数极大金额对均值的扭曲。受访者所在村2016年基础养老金给付标准每月的中值为100元，即年中值为1200元，略高于从子女或者其他亲属那里获得的金额，这说明我国农村老年人主要有两个重要的经济来源——养老金和子女供养，且两者的比重基本相当。我们还发现，来自子女和其他亲属的现金流并不像养老金现金流那样固定，且很大部分用来支付老年人的医疗费用。我国农村的社会保障和金融保险体系尚不完善，当老年人出现重大疾病等大额支出需求时，主要还是依靠子女和其他亲属进行筹资。

“百村”调查显示，老年人子女个数的平均值为2人，标准差为1.1人，中值为2人，这说明即便是在我国独生子女政策相对不严格的农村，子女数量也已经出现大幅下降，完全依靠子女供养和照顾的家庭养老已经开始变得不切实际。为进一步了解老年人的子女构成，我们还对老年人子女的具体情况进行了调研。调研发现老年人成家的子女个数平均值为1.9人，标准差为1.3人，中值为2人，这说明农村老年人大部分的子女都已成家，且很大一部分子女选择与父母分开单独生活。针对子女为老年人提供的养老情况，“百村”调查显示，提供生活照料或者经济供养的子女人数平均值为1.2人，标准差为1.2人，中值为1人，在很大程度上低于老年人已成家的子女总数。现代社会的竞争较为激烈，很多子女自己也面临较大的经济负担和生活压力，在这种情形下他们已无暇为自己的父母提供生活照料或经济供养，传统的家庭养老可能无法再适应现阶段的实际情况。另外，由于现代社会女性就业占比和经济压力的增大、外出务工和单亲家庭的增多等原因，老年人抚养孙辈的现象越来越普遍。老年人抚养孙辈往往与子女扶养老人进行捆绑、交换。与个人主义盛行的西方社会不同，东方文化中往往将老年人隔代抚养看作一种向下的社会支持，很多老年人也乐在其中。“百村”调查显示，帮子女照料孙辈的老年人占比为46.4%，这一比例远远高于西方国家，这也是老年人与子女同住的重要原因。

现阶段，随着城镇化的不断推进，即便是在我国农村，老年人与其子女分房居住的现象也越来越普遍。“百村”调查显示，与子女吃住都分开的老年人比例高达49.7%，接近老年人群的一半；与子女一起吃但分开住的老年人比例是10.6%，这就是所谓的子女与老年人保持“一杯羹”的距离，既方便互相照顾也不会因为接触过多导致家庭琐事引发的矛盾扩大。这样共有60.3%的子女不与老年人同住，也就是说，即便是在传统孝道文化相对盛行的我国农村，也有很大比例的子女拥有自己的住房并选择单独居住。与子女一起住但分开吃的老年人比例是6.9%，很多时候年轻人与老年人的生活作息、偏好的口味不同，因而有部分家庭选择同住不同吃。现阶段在我国农村，与子女吃住都在一起的老年人比例仅为32.8%，且这些老年人中还有很大一部分是为了方便帮忙照顾孙辈才不得不与子女同吃同住。在城镇地区，相对高昂的房价迫使老年人与其子女共同居住，然而我国农村地广人稀，大部分老年人选择不与其子女共同生活主要是自主的，所受外界影响因素有限。

在老年人对目前家庭养老状况的满意度调查中，29.0% 的老年人表示很满意，34.8% 的老年人表示较满意，26.7% 的老年人认为一般，7.6% 的老年人表示不满意，1.9% 的老年人表示非常不满意，我国农村的整体家庭养老满意度相对较高。我们也对不满意的原因进行了详细的调研。对于目前家庭养老状况不满意或很不满意的第一原因，41.9% 的老年人选择了生产生活负担过重，25.1% 的老年人选择了经济拮据，11.1% 的老年人选择了子女不孝顺，9.7% 的老年人选择了疾病困扰，7.8% 的老年人选择了生活孤独，4.4% 的老年人选择了其他。对于目前家庭养老状况不满意或很不满意的第二原因，45.2% 的老年人选择了经济拮据，23.3% 的老年人选择了疾病困扰，13.2% 的老年人选择了生活孤独，11.4% 的老年人选择了生产生活负担过重，5.9% 的老年人选择了子女不孝顺，1.0% 的老年人选择了其他。对于目前家庭养老状况不满意或很不满意的第三原因，30.1% 的老年人选择了生活孤独，26.7% 的老年人选择了疾病困扰，21.5% 的老年人选择了生产生活负担过重，13.0% 的老年人选择了经济拮据，5.0% 的老年人选择了子女不孝顺，3.7% 的老年人选择了其他。农村的老年人并没有明确的退休年龄，只要身体情况允许，依然会选择在田间劳作。近几十年，随着劳动力外流和村庄“空心化”趋势日益凸显，很多农村家庭的农业生产主要依靠老年人和妇女，青壮年农业生产劳动力严重不足，即使现代化的农机设备可以在一定程度上替代人力，但相对繁重的农业生产活动依旧给老年人造成了很大的负担，严重影响了其晚年生活质量。另外，很多老年人已经失去劳动能力，仅仅依靠基本的养老金生活，经济的拮据在很大程度上影响了这些老年人的生活质量，且很多老年人在维持自身生活的同时还需要照看“留守”的孙辈，压力可想而知。家庭养老主要依靠代际供养，子女的不孝顺也会影响老年人的生活质量。同时，随着年龄的增长，老年人需要面对的疾病也越来越多，尽管现代医疗可以在很大程度上延长老年人的寿命，但对减轻其所需承受的疾病的困扰和痛苦作用有限，且很多老年人在不再从事生产劳动后还有很长的一段岁月，如果子女不在身边会更加孤独。

“百村”调查显示，家里有成员因为需要照顾老人而不能离家的占17.7%，大部分年轻子女还是可以选择离开村庄进城务工的。同时，有26.5% 的受访者认为目前家庭养老负担重，46.5% 的受访者认为养老负担一般，还有 27.0% 的受访者认为养老负担较轻，养老负担的分布较为适中。对于今后自己的养老状况，34.9% 的受访者表示不担心，35.8% 的受访者表示有些担心，14.6% 的受访者表示很担心，还有 14.7% 的受访者没想过这个问题。

经济上的支持和身边的照料是老年人养老必不可少的两个方面。经济方面，在所有被访者中，认为自己年老时靠子女赡养维持生计的占 33.5%，认为靠养老金维持生计的占 30.9%，认为靠储蓄维持生计的占 20.1%，认为靠继续务农的占 19.6%，认为靠出租土地或者房屋维持生计的仅占 3.3%，认为靠其他来维持生计的占 2.4%[①]。可见，主要依靠子女和储蓄的家庭养老方式仍然是我国农村最为普遍的养老方式，近些年主要依靠养老金的社会养老方式也越来越为农村人口所接纳。然而，目前我国农村的土地和房屋出租比例还非常低，“以房养老”模式在我国农村并无开展和推行的基础。照料方面，在所有被访者中，认为子女可以照料自己生活的占比为 64.4%，认为配偶可以照料自己生活的占比为 20.2%，认为年老时自己可以照料自

① 在实际调查中此题为多选题，调查问卷中“是”表示调查对象对此选项进行选择，“否”不仅包括调查对象对此选项没有进行选择，还可能包含未作答或者数据遗漏。

己生活的占比为 19.8%，认为其他亲属可以照料自己生活的占比为 1.6%，认为养老院可以照料自己生活的占比为 4.8%，认为通过村里相互帮助来照料自己生活的占比为 1.4%，认为通过其他方式来照料自己生活的占比为 1%[①]，这意味着在照料方面老年人更倾向于家庭养老，大部分农村老年人认为照料可以由自己或其他家庭成员来提供。

农村互助养老

一直以来，以家庭为单位，由子女为家庭中的老年人提供物质支持、生活照料和精神慰藉的家庭养老模式都是中国农村最主要的养老方式。然而，近些年，随着越来越多的青壮年劳动力走出农村并选择在城市定居，家庭养老变得越来越难。现阶段，农村老年人所拥有的土地对其子女缺乏吸引力，从而使老年人无法像以前那样依靠生产资料的代际传递激励子女赡养其父母，只能依赖传统的道德观念和法律规定的赡养义务。然而，养老约束在年轻人群中变得较为脆弱，农村的家庭养老已经如同城镇一样开始从“反馈型”向“交换型”转变。在这样的时代背景下，互助养老作为新型养老模式在“老龄化”“少子化”和“人口快速流失”的当代中国农村受到推崇，互助养老主要是通过村里的低龄老人与高龄老人之间的互助式服务来进行养老，作为社区居家养老的补充，致力于降低医疗费用，提高老年人的生活质量，使老年人“老有所依”。农村互助式养老通常由村集体或乡镇政府出资，利用集体闲置的房屋（如废弃的学校、幼儿园、村办公室等）作为互助式养老的活动场所，将留守老人或失能老人统一集中起来，由低龄老人帮扶高龄老人，身体好的老人照顾身体弱的老人，如为

---

① 在实际调查中此题为多选题，调查问卷中“是”表示调查对象对此选项进行选择，“否”不仅包括调查对象对此选项没有进行选择，还可能包含未作答或者数据遗漏。

高龄老人做饭、洗衣[①]，从而形成老年人之间的相互照顾、共同养老。互助式养老需要一定的活动场所将老年人聚在一起。“百村”调查显示，受访者所在村有老年人活动室等活动场所的比重为61.6%，在人口老龄化趋势日益明显的当下，兴建老年人活动室可以有效提高老年人的生活质量，延长其预期健康寿命。另外，很多农村都在兴建食堂，这些食堂不同于人民公社时期的食堂，它们的兴建是为了以合作经济的形式解决农村老年人养老的现实问题。互助式养老可以将具有相同文化背景的同村老年人集中组织起来共同养老，相似的成长经历、生活方式及兴趣爱好使这些老年人可以产生更多的共同话题，从而通过互相帮扶共度晚年。2018年3月，第十三届全国人民代表大会第一次会议指出，积极应对人口老龄化，发展居家、社区和互助式养老，推进医养结合，提高养老院服务质量。2022年2月，国务院印发的《“十四五”国家老龄事业发展和养老服务体系规划》指出，以村级邻里互助点、农村幸福院等为依托，构建农村互助式养老服务网络。互助养老模式已经逐步成为农村养老服务的重要模式。“百村”调查显示，受访者所在村有互助式养老点的比例为96.6%，这意味着互助式养老已基本在我国农村普及。值得一提的是，互助式养老并不是要替代家庭养老，而是在当前农村“空心化”“老龄化”的现实下，提倡低龄老人与高龄老人相互帮扶、共同养老，老年人依旧可以居住在自己家中，仅在白天前往村里提供的老年活动地点养老。当然，互助式养老的实现和推广离不开老年人子女、政府、村集体、企业及各类慈善组织的支持和资助。

受访者所在村的养老服务，32.4%为村集体提供，16.3%为村民自发形成的互助养老提供，33.3%为民政部门开设，1.0%为企业开设，1.6%为非政府组织或基金会提供，15.4%为其他。可见，我国农村的养老服务

① 受到原材料和燃料等的限制，做饭、洗衣等家务劳动对于农村老人来说更为艰难。

提供主要依靠政府，由商业机构提供的养老服务仅占 1.0%，我国农村养老服务市场的商业化程度较低，相关法律法规有待完善，农村居民的市场化意识仍需进一步加强。同时，不同于国外，我国由非政府组织或基金会提供的养老服务仅占 1.6%，这主要是因为很多民间自发成立的组织或慈善基金会因为各种原因无法获得政府的行政审批。一些民间组织或机构即使获得了政府的批准，也无法取得政策帮扶，如建设和管理补贴及房租、水电等方面的优惠，这在很大程度上降低了非政府组织或基金会提供养老服务的积极性。近些年，随着我国人口老龄化问题和农村“空心化”问题进一步加剧，各地尤其是农村地区政府的养老负担不断加重，对地方财政造成了非常大的冲击。在这种情况下，要积极引导养老服务商业化，鼓励私有企业提供养老服务，降低私有企业的准入门槛并对其进行一定的补贴，同时鼓励民间自发成立的组织或慈善基金会，甚至一部分有资质的外国慈善组织参与我国的养老福利事业，完善相关政策和法律法规，有效缓解地方政府的财政压力，提高养老服务的质量。

第十章

中国农村住房金融体系

宅基地与宅基地使用权确权

一、宅基地

在我国计划经济时代开始的城乡二元分割经济体系框架下，农村住房与城市住房分属两个分割的体系。改革开放以后，城镇的住房体系逐步形成，而农村的住房制度依旧停留在20世纪60年代，我国现行的农村住房制度以宅基地供给制度和住房产权制度为核心。宅基地是农村村民用于建造住宅及其附属设施的集体建设用地，包括住房、附属用房和庭院等用地，在地类管理上属于（集体）建设用地。《中华人民共和国土地管理法》规定，农村村民一户只能拥有一处宅基地，即“一户一宅”，其宅基地的面积不得超过省、自治区、直辖市规定的标准。农村居民依法对该村的村集体所有的土地享有占有和使用的权利，有权依法利用该土地建造住宅及其附属设施。宅基地使用权的取得、行使和转让，适用土地管理的法律和国家有关规定。“百村”调查显示，农村家庭拥有宅基地面积的平均值为275.7平方米，标准差为375.0平方米，中值为225.0平方米，这说明大部分宅基地的面积为200 ~ 300平方米，远大于我国城镇居民的户均住房面积，而这还是在不考虑宅基地住房常见的多层建筑的情形下。由于宅基地供给制度的“无偿性”和“无期限性”特点，宅基地本身具有一定的福利性质，并不受到城镇地区那样的住房产权的限制，为收入较低、风险抵抗能力较弱的农村居民提供了基本的住房保障。然而，由于宅基地保障仅仅是一种建设用地上的保障，无法真正解决农村住房困难群体基本的住房需求，从而使我国农村居民的住房问题日益凸显，很多农村低收入居民因为自身没有能力、没有资金对其住房进行翻修，长期居住于危房当中。2013年，住建部、国家发改委、财政部联合印发《关于做好2013年农村危房改造工作的通知》，并印发《农村危房改造最低建设要求（试行）》作为指导。2021年，中央一号文件《关于全面推进乡村振兴 加快农业农村现代化的意见》指出，我国要继续实施农村危房改造和地震高烈度设防地区农房抗震改造。住建部等四部门也发布了《关于做好农村低收入群体等重点对象住房安全保障工作的实施意见》，对相关工作进行部署。

二、宅基地使用权确权

宅基地使用权确权是指农村居民为建造自有居住房屋对集体土地占用、使用的权利。党的十七届三中全会通过的《关于推进农村改革发展若干重大问题的决定》中强调，要搞好农村土地确权、登记、颁证工作。自此，国家政策文件多次就宅基地确权登记工作做出具体部署和要求。2010年的中央一号文件提出，加快农村集体土地所有权、宅基地使用权、集体建设用地使用权等确权、登记、颁证工作，工作经费纳入财政预算；2013年的中央一号文件再次明确要求全面开展农村土地确权、登记、颁证工作；2014年8月，国土资源部、财政部等五部门联合印发《关于进一步加快推进宅基地和集体建设用地使用权确权登记发证工作的通知》，要求尽快完成房地一体的全国农村宅基地和集体建设用地使用权确权登记发证工作。2019—2022年，中央一号文件连年强调扎实推进、规范开展房地一体的宅基地确权登记颁证工作的重要性。

农村宅基地使用权只有具备集体经济组织成员资格的人才有权取得，宅基地在很大程度上具有福利性质和社会保障功能。对于农村居民来说，宅基地确权最直接的作用就是明晰宅基地的产权，通过对农村宅基地的登记发证，可以有效减少因宅基地权属争议引发的各类社会矛盾。

宅基地住房

一、宅基地住房的基本情况

改革开放以来，随着家庭联产承包责任制的推行和农村经济的快速发展，农户住宅面积不断扩大，2018 年农村人均住房面积为 47.30 平方米，比1980年增长403.19%[①]。同时，随着农村家庭规模小型化和家庭结构核心化，分家立户和分户建房的需求不断增加。“百村”调查的村级调查结果显示，受访者拥有宅基地住房的平均值为1.1处，标准差为2.7处，中值为1.0处，这说明绝大多数农民仅拥有 1 处宅基地住房，仅有少量农民拥有多处宅基地住房。“百村”调查还显示，宅基地住房的占地面积平均值为 151.9 平方米，标准差为 534.1 平方米，中值为 120.0 平方米。宅基地住房总建筑面积的平均值为 199.5 平方米，标准差为 194.6 平方米，中值为 160.0 平方米，这意味着住房总建筑面积的均值和中值都略高于住房占地面积的均值和中值，这主要源于宅基地住房可建多层。具体而言，“百村”调查显示，受访者拥有宅基地住房层数的平均值为1.5层，标准差为0.9层，中值为1.0层，这说明在我国农村一两层的住房居多。农村户均住房面积高于城市户均住房面积，与城市地区不同，我国大多数农村地广人稀，建造平房的面

① 郭君平，仲鹭勍，曲颂，等. 抑减还是诱致：宅基地确权对农村违法占地建房的影响 [J]. 中国农村经济，2022（5）.

积已经足够，不需要再建造多层建筑。总体而言，居住空间并非农村住房所面临的主要问题。

关于宅基地住房的基本情况，“百村”调查还显示，89.2% 的受访者表示目前住房为自建，5.4% 的受访者表示其住房是购买所得，3.9% 的受访者表示其住房为集中安置，0.9% 的受访者表示其住房是租赁的，0.6% 为其他，这说明大部分宅基地住房为自建房。至于具体的房屋结构，78.5% 为砖混结构，13.8% 为砖木结构，6.5% 为土木结构，0.1% 为茅草房，1.1% 为其他结构。砖混结构是指建筑物中竖向承重结构的墙用砖或者砌块砌筑，构造柱以及横向承重的梁、楼板、屋面板等采用钢筋混凝土结构，即砖混结构是以小部分钢筋混凝土及大部分砖墙承重的结构。由于钢筋混凝土构件不可替代的优越性，砖混结构的住房建筑迅速兴起，高强度砖和砂浆的使用，在很大程度上提高了农村传统砖木结构房屋的承重能力。砖混结构较土木结构、砖木结构及茅草房更为稳固、抗震、耐火、耐久，构造方式更为现代化。砖混结构在我国农村居民住房中的广泛应用，标志着我国农村住房建造水平的稳步提高，这也为农村房屋的抵押和租赁提供了技术可能性。

二、宅基地住房的买卖与租赁

我国法律规定，农村宅基地上的房屋可以买卖，但对于房屋的交易双方均有严格的农业户口要求，本村村集体的成员才能进行宅基地住房的交易。若要改变宅基地的所有权，要求房屋过户的同时，买卖双方都在场，购买方申请宅基地获批，并且其之前没有宅基地房屋交易和退出宅基地的情况。然而在我国，宅基地的住房买卖在具体实施层面相对宽松。“百村”调查显示，49.4% 的受访者表示住房买卖不需要经过村集体；19.0% 的受访者表示原则上应该由村集体统一组织，但实际上基本是私下进行的；18.1% 的受访者表示，住房买卖由农户自行流转，但需要经过村集体同意和备案；6.1% 的受访者表示，住房买卖需要先统一流转给集体，再由集体负责统一向外发包；3.8% 的受访者表示，住房买卖需要由村集体统一组织，农户各自与流入方分散签订协议；3.6% 的受访者表示不清楚。农村宅基地住房买卖限制条件的逐渐放宽也为住房金融在农村的推广提供了可能。“百村”调查显示，受访者所在村有宅基地住房买卖的情况为 28.7%，近几年宅基地住房买卖的数量和金额都在快速增长。

我国法律规定，农村宅基地是可以租赁的，农村居民租赁宅基地需要根据双方协商的具体情形，到土地管理部门进行认定和办理，从而避免后期可能造成的矛盾和纠纷。“百村”调查显示，44.1% 的受访者表示其所在村有农户将村内的住房租给村外人的情况，也就是说有将近一半的受访村有农户选择将宅基地住房租赁给村外人。对于存在宅基地租赁的村庄，59.9% 的受访者表示，宅基地租赁需要由村集体统一组织，农户各自与流入方分散签订协议；19.3% 的受访者表示，宅基地租赁不需要经过村集体；8.7% 的受访者表示，宅基地租赁可以通过农户自行流转，但需要经过村集体同意和备案；7.5% 的受访者表示，宅基地租赁需要先统一流转给集体，再由集体负责统一向外发包；2.8% 的受访者表示，宅基地租赁应该经过村集体同意，但实际上大部分是在私下进行的；1.8% 的受访者表示不清楚。有意思的是，根据我们的调查，相比宅基地买卖，宅基地租赁受到村集体的约束更多，这可能是因为宅基地买卖仅能在村内进行，宅基地租赁却可以在村与村之间进行，因而受到村集体监督和管制的力度更大。

提到宅基地不能不提村庄的集体建设用地。村庄的集体建设用地又称村建设用地或农村集体土地建设用地，是村集体经济组织和农村个人投资或集资，进行各项非农业建设所使用的土地，集体建设用地分为三大类——宅基地、公益性公共设施用地和经营性用地。2013 年 11 月发布的

《中共中央关于全面深化改革若干重大问题的决定》指出，要建立城乡统一的建设用地市场，在符合规划和用途管制的前提下，允许农村集体经营性建设用地的出让、租赁、入股，实行与国有土地同等入市、同权同价，完善土地租赁、转让、抵押二级市场。这意味着土地权能的进一步扩大，不仅允许土地承包经营权抵押、担保，而且赋予了农村集体经营性建设用地与国有建设用地平等的地位和相同的权能，为住房金融在农村的推广提供了有力的二级市场政策保障。"百村"调查显示，受访者所在村 2016 年末实际拥有集体建设用地面积的平均值为 120.56 亩，标准差为 339.57 亩，中值为 6.0 亩。调查还显示，受访者所在村 2016 年末村民建设住房实际占地面积的中值为 150.0 亩。同时，受访者所在村村民住房实际占地中来自集体建设用地的比例的平均值为 46.62%，标准差为 77.53%，中值为 10.0%。

农村住房和金融业的发展

一、农村的住房和金融政策

2018 年 1 月，中共中央、国务院颁布了中央一号文件——《中共中央 国务院关于实施乡村振兴战略的意见》（以下简称《意见》），提出强化新建农房规划管控，加强"空心村"服务管理和改造，扎实推进房地一体的农村集体建设用地和宅基地使用权确权登记颁证工作，完善农民闲置宅基地和闲置农房政策，探索宅基地所有权、资格权、使用权"三权分置"，落实宅基地集体所有权，保障宅基地农户资格权和农民房屋财产权，适度放活宅基地和农民房屋使用权，不得违规违法买卖宅基地，严格实行土地用途管制，严格禁止下乡利用农村宅基地建设别墅大院和私人会馆。在金融方面，《意见》指出，普惠金融重点要放在乡村，推动出台非存款类放贷组织条例。2021年2月，中央一号文件《中共中央 国务院关于全面推进乡村振兴 加快农业农村现代化的意见》指出，发展农村数字普惠金融，大力开展农户小额信用贷款、保单质押贷款、农机具和大棚设施抵押贷款业务，鼓励开发专属金融产品支持新型农业经营主体和农村新产业新业态，增加首贷、信用贷，加大对农业农村基础设施投融资的中长期信贷支持，加强对农业信贷担保放大倍数的量化考核，提高农业信贷担保规模。2021年6月实施的《乡村振兴促进法》规定，县级以上地方人民政府应当加强农村住房建设管理和服务，强化新建农村住房规划管控，严格禁止违法占用耕地建房，鼓励农村住房设计体现地域、民族和乡土特色，鼓励农村住房建设采用新型建造技术和绿色建材，引导农民建设功能现代、结构安全、成本经济、绿色环保、与乡村环境相协调的宜居住房。在金融方面，国家综合运用财政、金融等政策措施，完善政府性融资担保机制，依法完善乡村资产抵押担保权能，改进、加强乡村振兴的金融支持和服务。2022年2月，中共中央印发中央一号文件《中共中央 国务院关于做好2022年全面推进乡村振兴重点工作的意见》，要求规范开展房地一体宅基地确权登记，稳妥有序推进农村集体经营性建设用地入市，推动开展集体经营性建设用地使用权抵押融资。2022年5月，中共中央、国务院印发《乡村建设行动实施方案》，指出建设农村房屋综合信息管理平台，完善农村房屋建设技术标准和规范，开展金融科技赋能乡村振兴示范工程，鼓励金融机构在依法合规前提下量身定制乡村建设金融产品，稳妥拓宽农业农村抵质押物范围，探索银行、保险、担保、基金、企业合作模式，拓宽乡村建设融资渠道，加强涉农金融创新服务监管和风险防范。

二、农村金融业的发展现状

“以房养老”的本质是一种金融行为，需要参与双方具备一定的金融意识和素养。改革开放以来，我国长期采取偏向于城镇的发展策略，农村金融发展相对滞后。农户级“百村”调查显示，受访者家户在 2016 年发生过借款的比例为 21.6%，这说明我国农村家庭是具有一定借款需求的。“百村”调查还显示，2016 年发生借款的受访者中借款的平均值为 7.8 万元，标准差为 25.8 万元，中值为 3.0 万元，均值显著高于中值，这说明有少数非常大额的借款存在。

对于借款来源，54.9% 的受访者的借款来自亲戚朋友，28.4% 的受访者的借款来自农村信用社，6.7% 的受访者的借款来自农业银行，2.8% 的受访者的借款来自村镇银行，3.4% 的受访者的借款来自其他银行，0.5% 的受访者的借款来自民间高利贷，0.4% 的受访者的借款来自小额贷款公司，0.2% 的受访者的借款来自资金互助社，2.7% 的受访者的借款来自其他渠道。这说明全村超过半数的借贷主要依靠亲属关系，我国大部分农村的金融系统尚不发达，农户很难从金融机构贷到款，不得不转向亲戚朋友，农户的信贷行为受到了很大约束。其余的借贷主要来自各类银行，以农村信用社为主。农村信用社是经中国人民银行批准设立，由社员入股组成、实行民主管理、主要为社员提供金融服务的农村合作金融机构。我国大多数的农村并未设立银行，贷款服务主要由农村信用社提供，农村信用社是农村合作经济的重要组成部分。保险公司等其他金融机构在农村借贷中发挥的作用相对较小，这意味着现阶段住房金融在我国农村的推行仍面临较大困难。农村资金互助社是经银行监督管理机构批准，由农民自愿入股组成的社区互助性银行业金融机构，是近些年新兴的农村融资组织，为农村金融系统的运转注入了新的活力。当然，也有一部分农民由于抵押品价值不高、信用受损等原因不得不转向民间高利贷，由于农民的创收和盈利能力有限，高利贷作为信贷工具对他们的伤害是不容小觑的。

“百村”调查中关于受访者的借款用途显示，5.5% 的借款用途为买房或建房支出，4.2% 为医疗支出，3.3% 为种植业生产投入，2.6% 为自营工商业生产投入，2.2% 为教育支出，1.3% 为养殖业生产投入，0.9% 为婚丧嫁娶支出，0.6% 为购买汽车、电器等耐用消费品支出，0.2% 用于归还其他贷款，而用于其他支出的占 1.1%[①]。可见，在我国农村，买房或建房支出在借款缘由中占了最高比例，其次是医疗支出，然后才是各类生产性投入。

“百村”调查还显示，在 2016 年发生需要借款但是借不到的情况的受访者占调查问卷总填答人数的比重为 11.0%，这意味着我国农村存在一定比例的村民无法通过亲戚朋友或金融机构顺利借到款。46.6% 的受访者在有种植业生产投入、养殖业生产投入或自营工商业生产投入需求时曾经历过无法借到款的困境，占到了将近一半的比重，这说明我国还需要进一步加强对于农户的生产性资金帮扶。同时，因买房或建房、医疗支出、教育支出、婚丧嫁娶、购买耐用消费品或归还其他贷款用途无法借到款的受访者比重分别为 20.5%、15.8%、6.8%、2.9%、1.5% 及 1.5%，因而住房和医疗仍是农户支出的最重要的组成部分。

三、宅基地以外的其他住房

人们往往更加关注大城市的房价，而忽视我国县城或乡镇地区的房价走势。近些年，县城及乡镇的房价也一路走高，这无疑给当地居民带来了相当大的经济负担。例如，2000 年前后，全国大部分县城的房价每平方米

① 在实际调查中此题为多选题，调查问卷中“是”表示调查对象对此选项进行选择，“否”不仅包括调查对象对此选项没有进行选择，还可能包含未作答或者数据遗漏。

为500 ~ 1000元，然而目前我国已有超过100个县城的平均房价突破万元。在人均收入水平较低的县城，高涨的房价已超出了人们的购买力。“百村”调查显示，有5.9%的受访者在本地镇上买了房；有6.9%的受访者在本地县城里买了房；仅有2.3%的受访者在其他城市买了房，可见我国农村居民在乡镇、县城和城市买房的比例是非常低的。一方面农户需要进行农业生产，如种植、养殖等，往往“日出而作，日落而息”，住在城市、县城或乡镇并不方便；另一方面，城镇逐年增长的房价在很大程度上阻碍了农户对于城镇住房的购买。值得一提的是，在我们的调查中很多农户表示，事实上他们拥有较强的城镇住房购买意愿，这主要源于子女结婚时对城镇住房的需求，以及老年人对养老住房改善的需求。大部分城镇住房为集体供水、供气、供电、供暖，可以在很大程度上改善居民尤其是老年居民的生活质量，而且多数农村老年人因身体状况等限制已不再从事农业生产，无须居住在临近耕地的村庄，也不用进行畜牧养殖，因而异地养老，即在医疗水平相对较高的城镇养老成为很多农村老年人的共同选择。目前，在人口流动性较大的我国，选择这种异地养老方式的农村老年人不在少数，当然其中还有很多老年人是迁往其子女居住的城市以方便相互照顾。

近些年，部分偏远的城市、县城和乡镇出现了房价快速下跌，房屋空置、烂尾等现象。针对县城住宅出现的大量空置现象，2022年5月，住房和城乡建设部等15部门联合发布了《关于加强县城绿色低碳建设的意见》，指出县城新建住宅以6层为主，6层及以下住宅建筑面积占比应不低于70%。建设高层建筑主要是因为土地资源稀缺，而对于我国大部分县城来说，土地资源相对充裕，随着人口的流失和出生人口的逐年减少，并没有必要建设高层建筑。

宅基地住房抵押贷款

“百村”调查显示，受访者在借贷款时不需要抵押的比例为80.8%，这是因为农村家庭大多数的借贷款来自亲戚朋友，主要依赖亲属或人情关系，而非抵押品担保。然而，缺乏抵押品的担保一方面增加了贷款人的风险，一旦借款人无法按期偿还，贷款人不能依靠拍卖借款人的抵押品及时止损；另一方面，缺乏抵押品担保也在很大程度上限制了农户的信贷来源和可贷金额，银行或金融机构因为担心农户日后无力偿还其借款而不愿将钱贷给他们，从而不利于农村的经济发展和创业创收。

随着我国农村产权政策改革的不断深化，农民在农村的自建住房已经可以申请领取房产证，对符合标准的住房，同城镇地区一样可以进行抵押贷款，这为农村住房金融业务的开展提供了前提条件。“百村”调查显示，受访者贷款时需要抵押的比重较小，9.7%的抵押品为房产，2.3%的抵押品为土地经营权，1.3%的抵押品为汽车，0.8%的抵押品为有价证券，5.1%的抵押品为其他，这说明房产抵押和土地经营权抵押是我国农村借贷的主要担保方式。然而，在我国独特的农地制度安排下，农民住房所依附的宅基地属于集体用地，被赋予了社会保障属性，并不是单纯的商品。如前文所述，宅基地的流转受到法律的严格限制。在抵押担保方面，我国《物权法》和《担保法》明确规定，除通过买卖、公开协商等方式承包的“四荒地”等农村土地可以抵押外，其他方式承包的农村土地是不允许抵押的，所以宅基地的使用权不得抵押，农民没有自己的私人房产，只拥有住房所有权和土地使用权，且这两项权利只能在村集体内部成员之间流转，这使农民无法通过正规渠道对其房产进行抵押并申请贷款，这在很大程度上影响了住房作为农民的资产应有的融资功能。

2013年党的十八届三中全会通过的《中共中央关于全面深化改革若

干重大问题的决定》，提出要保障农户宅基地用益物权，改革完善农村宅基地制度，进行若干试点，慎重稳妥推进农民住房财产权抵押、担保、转让，探索农民增加财产性收入渠道；2016年3月，人民银行、银监会、保监会、财政部、国土资源部、住房城乡建设部联合印发《农民住房财产权抵押贷款试点暂行办法》，提出了宅基地抵押贷款，即用农村居民的宅基地作为抵押，向银行进行借贷；2018年12月，全国农村承包土地的经营权和农民住房财产权抵押试点期限届满后，拟不再继续延期，农村承包土地的经营权抵押贷款问题已通过修改《农村土地承包法》予以解决，而针对农民住房财产权抵押贷款问题则恢复实施有关法律规定。具体而言，虽然宅基地使用权抵押融资已经在全国多个地区进行了试点，但各地宅基地抵押融资的推进工作并不顺利，其原因主要有两个。一是农村宅基地产权界定尚不清晰，与宅基地相关的管理制度仍有待完善。我国农村宅基地使用权确权、登记工作正在逐步推进，但依然缺乏相关法律法规约束。借贷给农户的金融机构面对农户违约时，很难通过法律途径对农户的抵押品即宅基地住房进行拍卖或处置以实现变现从而止损的目的，同时也很难通过正规途径对失信农户进行制约或制裁，因而大多数时候金融机构只能自己承担信用风险，宅基地住房作为抵押品完全失去了抵押品的效力。二是宅基地住房的价值难以确定，与城镇中通过单位福利分房取得的房屋相似，农村宅基地的使用权作为一种不完全产权，非实体性和主体界定的模糊性使其在我国现行的法律法规下无法实现有效流转。由于仅可以在本村内部有条件流转，与市场上完整产权的抵押品相比，农村宅基地使用权在价值评估方面难度更大，且充满政策不确定性和主观性，因此金融机构或第三方评估机构很难给出令各方信服的合理价值。宅基地使用权和房屋所有权构成了农村居民最主要的资产，对这两项资产的可抵押融资改革，可以使农民的资产流动起来，不仅可以进行更多的生产性投资，还可以有效缓解短期的资金紧张。然而，不可否认，宅基地抵押贷款也蕴含着较大的风险，一旦农民无法偿还贷款，他们将失去自己唯一的住所。亓浩等（2020）发现，农民住房财产权抵押没有显著增加涉农贷款供给，对增加农村金融的供给作用有限[①]。政府应当着力优化完善农民住房抵押贷款改革的配套措施，推动宅基地制度改革，努力探索扩大农民住房财产权的受让范围，充分挖掘住房财产权的价值潜力，解决抵押物处置难的农村现实问题。

与宅基地抵押相对应的是土地经营权抵押。《农村土地承包法》规定，土地经营权是否可以抵押取决于获得土地承包经营权的方式，农村土地承包经营权取得的方式可以分为两类：一是通过发包方和集体组织的成员订立土地承包经营合同，即通过家庭联产承包方式取得，这种方式取得的土地经营权不可以抵押；二是通过招标、拍卖和公开协商等方式承包荒山、荒沟、荒丘、荒滩等，这种方式取得的土地承包经营权是可以抵押的。因为通过这种方式取得的土地承包经营权是按照“效率优先、兼顾公平”的原则，采取招标、拍卖和公开协商等市场化手段承包的，承包人支付的价格可以基本反映该土地使用权的市场价格，因此允许通过这种方式取得的土地承包经营权按照市场原则进行抵押从而为农户提供一定的现金流是合理的。与宅基地抵押权类似，我国目前尚未建立完善的农民社会保障体系，土地承包经营权不仅担负生产要素职能，还担负农民的社会保障职能。土地是农民安身立命的根本，中国的传统文化也使农民对土地有着很深的感情，一旦允许农民对土地承包经营权进行抵押，而他们出现无力清偿债务的情形，其赖以生存的土地就会被迫转让，从而出现大量无地、少地的农民。这时农民失去的不仅仅是谋生工具，更是生活保障，非常不利

① 亓浩，吴本健，马九杰．农民住房财产权抵押能否激发农村金融市场——基于银行贷款数据的实证分析 [J]. 经济理论与经济管理，2020（11）.

于农村乃至整个社会的稳定。同时，土地承包经营权的抵押可能会引起土地在不同群体中流转，从而使大量农用地转化为商业开发用地，不利于我国的耕地保护和食品安全。尽管如此，我们也应当认识到，土地承包经营权的抵押固然有其风险，但是赋予农民一个相对低效且有诸多限制的土地承包经营权也无法保障农民的切实利益。历史上，很多农村社会危机的根源并非来源于农民无地可种、无地可依，而是沉重的税赋、残暴的吏治及僵化的土地制度迫使农民有地不种、弃地而逃，最终成为流民。

“百村”调查还显示，受访者在借款中不需要担保的比例为69.5%，与抵押的情形相似，多数农村居民是向亲戚朋友借款的，因而无须进行担保。在需要担保的受访者中，需要亲戚朋友担保的比重为18.3%，需要小组联保的比重为5.4%，需要乡村干部担保的比重为2.5%，需要合作社或社员担保的比重为1.7%，需要担保公司担保的比重为0.3%，而需要其他担保的比重为2.2%，这表明在农村发生信贷行为时主要由亲戚朋友进行担保。

农村居住环境

一、公路和交通

与房屋的基本情况相对应，农村的居住环境也对老年人的生活质量造成较大的影响。“百村”调查显示，受访者家庭门前的路面为水泥路的占73.6%，为土路的占9.1%，为沥青柏油路的占8.9%，为砂石路的占8.3%。“百村”调查还显示，受访者及其家人去乡（镇）政府的主要交通工具使用情况为，50.1%的受访者选择电动车，30.2%的受访者选择机动车，10.1%的受访者选择自行车或人力三轮车，9.6%的受访者选择步行。当被问及村里道路最需要改善的地方时，25.6% 的受访者认为田间生产的机械作业道路最需要改善，24.6% 的受访者认为村内入户的道路最需要改善，19.9% 的受访者认为进村的公共交通道路最需要改善，15.9% 的受访者认为产地外围的运输道路最需要改善，12.8% 的受访者认为村与村之间的道路最需要改善，还有 1.2% 的受访者认为其他方面的道路最需要改善。

二、饮用水

我国农村的分布较为分散，很多农村人口数量相对较少且地处偏远地区，难以实现依靠大型饮水工程的集中供水。因此，很多村庄选择不建设饮水处理设施或只建设慢滤池或储水池。“百村”调查显示，68.6% 的受访者家庭做饭用水为自来水，21.8% 的受访者家庭做饭用水为井水，3.2% 的受访者家庭做饭用水为池塘水或山泉水，2.8% 的受访者家庭做饭用水为江河湖水，2.4% 的受访者家庭做饭用水为桶装水、纯净水或过滤水，0.6% 的受访者家庭做饭用水为窖水，0.6% 的受访者家庭做饭用水为雨水。这说明，在我国农村，仍有相当大比重的家庭饮用水卫生状况难以达到现行的《生活饮用水卫生标准》的规定，这类水的水质有待提高，水源容易被污染。农村居民的饮水安全难以得到保障的情况也会在很大程度上影响农村老年人的居家养老生活质量。

三、生活燃料

随着农村经济的发展和农民生活水平的不断提高，农村日常做饭的燃料也经历了更新换代，但依旧有很多农户继续使用原始而非新型燃料做饭。“百村”调查显示，46.2% 的受访者家庭炒菜燃料为罐装煤气或液化气，8.9% 的受访者家庭炒菜燃料为天然气或管道煤气，也就是说共有超过一半（55.1%）的受访者家庭使用天然气、液化气等燃气作为炒菜做饭的燃料。

同时，9.7% 的受访者表示用电作为家庭炒菜等日常起居的燃料，另有 0.6% 的受访者家庭表示其日常炒菜的燃料为太阳能或沼气，这样共有 10.3% 的受访者家庭选择使用清洁能源做饭。当然，还有 27.9% 的受访者家庭表示其炒菜燃料为柴草，6.7% 的受访者家庭表示其炒菜燃料为炭，这样依然有相当大比例（34.6%）的受访者家庭使用较为原始的燃料炒菜做饭，这些农户家庭主要分布在东北、中西部等偏远地区。我们在对这些家庭进行实地探访后发现，很多这样的家庭都是农村留守老人家庭。一方面，这些老年人长年习惯了使用柴草、炭等燃料炒菜做饭，觉得柴草或炭炒出的菜更香，做出的米饭更有味道，且很多老年人对于天然气、电等新能源的使用较为陌生，在缺乏子女协助的情况下，很容易出现安全事故，相比之下，使用柴草、炭等燃料对于留守老人来说要安全得多；另一方面，很多留守老人已经丧失劳动能力，仅靠每月百余元的养老金和子女的接济维持基本生活，农村的柴草资源丰富，农业残留物如玉米、水稻、小麦等的秸秆堆积如山，充分利用这些杂草秸秆、枯枝败叶等作为免费的燃料，不仅可以节省使用天然气、电等燃料的成本，还可以积蓄草木灰肥料从而减少购买化肥的支出，同时也可以将这些农业残留物消化掉，避免秸秆腐烂发臭污染空气或堵塞河道引发洪灾，这也是老年人仍然愿意选择沿用至今的传统燃料炒菜做饭的主要原因。

然而，传统的燃料也存在不少弊端。首先，使用柴草或炭做饭的工序相对繁杂，很多高龄老人已经无法承担这种程度的家务量，需要专门请人做饭，这也是近些年农村加大力度建设老年人食堂的主要原因。其次，柴草或炭的燃烧会产生很多粉尘，不利于老年人的身体健康，同时增加了清洁的难度。最后，很多老年人身体已不够灵便，以柴草或炭为燃料存在失火或者燃烧不完全导致一氧化碳等气体中毒的风险。因而，从大的趋势上讲，村政府应积极提倡和引导老年人使用天然气、电等新能源，可以对留守老年人进行一定程度的补贴，并委派专业人员到各家各户教授老年人如何使用新能源炒菜做饭，有效提高农村留守老人的晚年生活质量。

四、污水和垃圾

现阶段，我国很多农村老年人的居住环境让人担忧，很多北方农村存在“污水靠蒸发，垃圾靠风刮”、南方农村存在“污水横流、垃圾遍地”的现象。

在生活污水处理方面，我国很多农村的生活污水排放已经严重影响了当地居民的生活质量，未经处理、再利用的粪便和各类污水严重污染农村的土壤、地表水和地下水，如上文所述，我国农村仍有相当大比重的家庭直接饮用井水、池塘水、江河湖水、雨水等，农村水体的污染会对居民饮用水和生活用水的安全造成直接的不利影响。“百村”调查显示，40.9% 的受访家庭的污水直接排放，并不处理。大中城市人口居住得相对集中，可以修建污水处理厂集中处理生活污水，通过规模报酬提高污水处理的效率，但农村人口居住得相对分散，很多村镇之间缺少完善的排水网络，且距离远使污水排放网络的建设和维护成本过高，这些为农村地区污水的集中处理带来了很多困难。基于此，很多农村家庭选择对生活污水不做任何处理，直接排放。另外，有 15.5% 的受访家庭表示将污水排放到化粪池进行处理，有 11.8% 的受访家庭用自家的沼气池处理污水，还有 0.2% 的受访家庭采用其他方式处理污水，也就是说共有将近 30% 的受访家庭采用分散的生活污水处理方式。目前我国农村污水分散处理的能力较低，具体处理方式也较为落后，“百村”调查显示，农村最常采用的处理手段是修建化粪池或是沼气化粪池，这类自家修建的化粪池往往很难达到国家综合污水排放的二级标准。“百村”调查还显示，仅有 31.6% 的受访家庭进行统一的水管排放并收集处理污水，这些家庭主要分布在东南沿海或其他靠近城市的经济相对发达的地区，“空心化”问题最为严重的农村依旧难以解决污水排放问题。

在生活垃圾方面，“百村”调查显示，农村生活垃圾的处理比例要远高于生活污水。2015 年 12 月，住房城乡建设部等十部门印发《农村生活垃圾治理验收办法》，旨在做好农村生活垃圾治理验收工作。与城市地区的垃圾处理不同，农村地区长期以来已形成一套自己的垃圾、废物循环利用方式，以厨余垃圾为例，农户可以用其喂养家禽家畜、沤农家肥等，在很大程度上减少了生活垃圾，实现垃圾再利用。改革开放以来，随着工业化、自由贸易和现代化的发展，外来的工业制品大量涌入农村，打破了其原有的生态平衡，为了保证农村的生态环境和农户自身的生活质量，需要农户对垃圾进行分类处理。“百村”调查显示，有 66.0% 的受访家庭通过村集中设置的垃圾箱（池）收集处理生活垃圾，这一比重还在逐年提高。有 15.7% 的受访家庭有自己的垃圾箱，现阶段，很多村民家庭自己的垃圾箱还达不到垃圾处理的标准。有 11% 的受访家庭直接将垃圾扔到垃圾堆，另有 7.1% 的受访家庭随意倾倒垃圾，还有 0.2% 的受访家庭利用其他方式处理生活垃圾，这说明还有一部分家庭不对其生活垃圾做任何处理，随意倾倒或直接填埋，这些家庭多分布在偏远及经济欠发达地区，这些地区往往地广人稀，集中处理垃圾对于这些农户来说成本过高，而农户依靠自身又没有能力建设自己的垃圾箱（池）来收集处理生活垃圾。这需要政府给予帮扶，因地制宜进行垃圾处理。对于居住得实在偏远或居住地区气候条件等不利于生存的农户，可适当进行易地搬迁，把农户迁到垃圾可以集中处理的地区。

结 语

随着近些年生育率的断崖式下降，我国的人口老龄化问题越发凸显。人口老龄化是社会经济发展的必然趋势，也将成为未来社会发展的严峻挑战。“以房养老”成为新时代老年人的养老选择之一，对我国养老事业的发展有很大的启示，但受老龄人口接受度和国情影响，现阶段该政策的推行依然存在争议。基于此，老年家庭的养老与资产、健康与医疗逐渐成为学术界和社会关注的热点。本书通过宏观跨国研究、微观实证研究、家庭资产配置模型、“以房养老”的前景分析与政策建议等模块研究了老龄化背景下老年人健康和家庭资产配置的动态关系。本书运用异质性分析、数据归类比较、工具变量法和自然试验法等研究方法解决国内外的差异性、数据的真实性和回归的内生性问题，并运用数理模型、随机过程分析、反事实分析等研究手段对老年家庭面临的风险进行不确定性分析和预测。本书将在“以房养老”等领域提供可靠的理论依据和政策建议。

相比于美国、日本等发达国家，我国的人口老龄化是在较低的收入水平上发生的，家庭收入和健康的保障较少，这将加重我国社会的养老负担。首先，人口老龄化会对储蓄、税收、社会福利体系和劳动力市场造成严重冲击，会加重卫生和医疗保健体系的负荷，我国出现“未富先老”的问题已不可避免。其次，新冠疫情给我国及世界其他各国的医疗体系和经济造成了较大冲击，老年人的健康状况越来越受到社会的关注。本书通过研究使读者对老年家庭的健康和医疗状况有了更为准确和具体的认识，指出了我国医疗卫生体制和医疗保障体制中存在的问题，对切实有效地健全医疗卫生体系和完善医疗保障体系具有一定的启发意义。本书对房价和老年人健康状况及家庭资产配置的研究，运用多种方法避免实证分析中存在的偏差，为应对人口老龄化问题而提出和实施的政策提供了可靠的理论和实践依据。“以房养老”模式在我国尚处于探索阶段，在学术层面具有较大的探索空间，在实践层面上也刚刚起步，急需理论与实证方面的深入研究。